成人网络自我调控学习素养
——两岸四地比较研究

梁文慧　王政彦　著
Aliana M. W. Leong，　C. Y. Wang

清华大学出版社

北京

内 容 简 介

　　本书旨在调查中国大陆、香港、澳门及台湾四地成人网络自我调控学习素养的现况，希望藉由问卷调查及分区访谈的搜集资料及统计分析、访谈结果的呈现，了解四地通过网络学习的成人学习者自我调控学习素养的内涵，并根据调查结果加以比较异同，提出具体的建议，促进两岸四地的成人学习者在网络学习效果的提升与增进成人网络自我调控学习成效。

　　本专著为澳门基金会资助的研究课题"两岸四地成人网络自我调控学习素养之比较研究"的综合研究成果。其研究的目的包括五个方面：一、了解两岸四地成人网络自我调控学习之各层面现况及其影响因素。二、比较两岸四地成人在网络自我调控学习素养上不同地区之差异状况。三、探究两岸四地成人在网络自我调控学习素养上，整体学习者的不同背景变项在自我调控学习素养之差异现象。四、探究两岸四地成人在网络自我调控学习素养上，学习者的不同背景变项在自我调控学习素养各层面的差异状况。五、综合研究结果，提出改进两岸四地成人网络教学机构经营、网络教学成效及提升成人网络自我调控学习素养的具体因应策略，以供改进网络学习之参考。

图书在版编目(CIP)数据

成人网络自我调控学习素养——两岸四地比较研究/梁文慧，王政彦著. —北京：清华大学出版社，2011.6
ISBN 978-7-302-25737-0

Ⅰ. ①成…　Ⅱ. ①梁…　②王…　Ⅲ. ①计算机网络—应用—成年教育—研究—中国　Ⅳ. ①G72-39

中国版本图书馆 CIP 数据核字(2011)第 099435 号

责任编辑：温　洁
封面设计：傅瑞学
版式设计：北京东方人华科技有限公司
责任校对：周剑云
责任印制：杨　艳

出版发行：清华大学出版社　　　　　　　　　　地　　　址：北京清华大学学研大厦 A 座
　　　　　http://www.tup.com.cn　　　　　　　邮　　　编：100084
　　　　社　　总　　机：010-62770175　　　　邮　　购：010-62786544
　　　　投稿与读者服务：010-62776969,c-service@tup.tsinghua.edu.cn
　　　　质　量　反　馈：010-62772015,zhiliang@tup.tsinghua.edu.cn
印　装　者：清华大学印刷厂
经　　销：全国新华书店
开　　本：170×240　印　张：13.75　字　数：193 千字
版　　次：2011 年 6 月第 1 版　　　印　　次：2011 年 6 月第 1 次印刷
印　　数：1～1500
定　　价：56.00 元

产品编号：040181-01

前　言

　　本专著为澳门基金会资助的研究课题"两岸四地成人网络自我调控学习素养之比较研究"的综合研究成果。其研究的目的包括五个方面：①了解两岸四地成人网络自我调控学习的各层面现况及其影响因素。②比较两岸四地成人在网络自我调控学习素养上，四个不同地区的差异状况。③探究两岸四地成人在网络自我调控学习素养上，整体学习者的不同背景变项在自我调控学习素养中的差异现象。④探究两岸四地成人网络自我调控学习素养上，各地学习者之不同背景变项在自我调控学习素养各层面中的差异状况。⑤综合研究结果，提出改进两岸四地成人网络教学机构经营、网络教学成效及提升成人网络自我调控学习素养的具体因应策略，以供改进网络学习的参考。由上述五项研究目的，可比较出两岸四地成人在网络自我调控学习时之显著差异性。

　　本书旨在调查大陆、香港、澳门及台湾地区成人网络自我调控学习素养的现况，希望藉由问卷调查及分区访谈的搜集资料及统计分析、访谈结果的呈现，了解两岸四地通过网络学习的成人学习者自我调控学习素养的内涵，并根据调查结果加以比较异同并提出具体的建议，促进大陆、香港、澳门及台湾地区的成人学习者在网络学习效果方面的提升与增进成人网络自我调控学习成效。

　　本书可以说是作者近年来理论与实践成果的一个见微而知著的检阅，也是作者在学术上的所思所考和集中性探讨。本书既可以作为从事成人教育管理的专业人士的参考书，也可以为高等成人教育院校师生的教学与科研提供借鉴。

　　"吾生也有涯，而知也无涯"，笔者所做的研究目前还只是冰山一角，这一宏大的课题还需要澳门内外相关的理论界和文化界的有识之士在漫长的探索中完成，"路漫漫其修远兮，觅仁人志士共探索"。

　　本书仅是作者在成人网络自我调控学习素养之比较研究领域的一次尝试，由于时间和水平有限，书中错误和不足之处在所难免，恳请读者批评指正，以使我们不断地进步，你们的建议就是我们不断创作的动力。

梁文慧

2011 年 3 月于澳门

目　　录

第一章 绪 论

本研究旨在调查中国大陆、香港、澳门及台湾地区成人网络自我调控学习素养的现况，希望藉由问卷调查及分区访谈的方式，将搜集的资料、统计的分析、访谈的结果分别呈现，以了解两岸四地的成人通过网络学习在自我调控学习素养上的内涵之差异，针对结果之异同加以比较，并提出具体的建议，促进两岸四地的成人藉网络学习以提升效果并增进成人自我调控学习的成效。

第一节 研究背景及重要性

一、研究背景

本研究背景可从以下五点说明：

(1) 计算机网络普及与学习科技进步，造就网络学习环境日趋成熟。

随着信息科技与 Internet 的快速发展，数字科技革命已将人类的生活及学习方式带入了数字化(e 化)的新时代，加上学习需求的多样化以及终身学习理念逐渐地广为人知，而在相关的软硬件和技术的成熟、带宽限制的逐步克服，以及过去与网络相关的种种障碍与限制也陆续地获得解决，通过数字化的数据来进行学习，让学习者能不受地点、时间的限制而获取知识，达到学习的目的，使得网络学习成为远程教学、终身学习、普及教育机会的一个重要方式。知识是变动、流动与扩张且经常改变的资源，知识、创造与发明时常出现在每个人的日常生活里，且或多或少地彼此之间相互影响，而每个人也都有机会来参与知识、创造与发明的建构。因此，现在的社会竞争愈来愈激烈，除非不断地学习，否则便可能无机会生存。如果想生存的话，便要培养学习的文化。

由于计算机的普及以及功能的提高与环境需要，使教育领域也迈入了以计算机从事教学的阶段。科技始终来自人性，在网络学习的发展过程中，最吸引人的莫过于它能提供适合人性的学习环境，Siegel 和 Kirkley(1997)在"数字学习环境之说"中指出：为迎合数字学习环境，网络信息就如同网络一般，通过交互式多媒体的超文件，将图形、数字声音与生动的影像动画相互联结，因此从信息的组织与呈现来看，网络信息有以下特性：①信息非静态，是持续不断变动的且拥有延展性。②信息具有联结性，可随时随地被取用。③信息可以利用各种方式加以组织，并以多媒体方式呈现，包括文字、声音、动画、影像等。④信息可以无时无刻被创造，不需要仰赖正式的出版方式。⑤信息是可呈现的，它可在屏幕中以窗口化的方式表达内涵。

近年来，在先进国家已有愈来愈多的大专院校利用 Internet 进行远程教学，其进行的方式可分为同步与异步两种模式，同步远程教学是同时但不同场域以实时群播的方式提供给学习者的学习；而异步远程教学则是利用全球信息网来呈现教师事先编辑好的教材，让学习者能随时上网浏览学习。传统的计算机辅助教学缺乏互动性，仅能提升学习兴趣，而计算机辅助网络教学融了教育理论与计算机科技，可以达到适应个别差异及因材施教的个别化教育理想。计算机及网络相关技术的进步与普遍应用，已经使教学方式迈向多元化，教学不再局限于固定地点、固定时间的上课方式，也使得远程教学(Distance Learning)由以往的函授教学(Correspondence)与单向传播转为双向互动的上课方式，使授课老师与上课学生能享有学习上的便利性与多元性，使得教学更加方便和无障碍。

(2) 成人终身学习的优劣效果的关键条件，在于成人能自我学习。

自我学习系指以自我为中心(self-centred)或以自我为本位(self-based)的学习。这种以自我为中心的学习，正是成人学习的主要方式。Dohman(1999)论及全民终身学习时，以德国为例，提出自我导向学习与非正式学习是继续教育的创新观点。直到 2009 年，这种以学习者自我为中心的自我学习的相关概念仍具分歧，甚至在名词上相互争奇斗艳。除有自我导向学习外，还包括：自理学习(learner-managed learning)、独立学习(independent learning)、经验学习(experiential learning)、行动学习(action learning)非正式学习(informal learning)、随意学习(incidental learning)、开放学习(open learning)以及弹性学习(flexible learning)等名词，这些名词在范围与概念上有重叠、有不同与相同的部分。成人在生理、心理与社会等特质上有差异，且在年龄上，与年龄较低的学习者以教师为中心的学习方式，更是大为不同。因此，成人的心理特质于是就影响到他们学习的特性(黄富顺，1993)。美国成人教育学者 Knowles(1980)认为自我学习是"以自我导向学习来建构成人教育学(andragogy)的核心理念，以及成人学习的主要特性。"

Nyham(1991)认为自学能力主要有两项：①应用所学的知识于不同情境的能力；②解决问题而不会放弃或变得有挫折感的能力。另外 Ranson(1994)认为自学者具有三种条件：①自我是一独立存在的个体，有承担自我调控、选择与责任等能力；②具备完整的生活：不论在生活方式或生命存续上，个人能拥有相当的完整性，将学习作为终生的活动；③拥有人际关系：自我不是孤立存在的，而与他人有互助往来，能建立人际网络。因此，自学者必须具备健全的自我与生活，同时是独立的而且不是孤立的学习者。

(3) 以微观分析成人在网络学习环境及自我调控学习素养中的认知。

素养(literacy)可包含认知、情意与技能等不同领域的能力。也即自我学习包括认知、情意及技能等不同层面的能力内涵。研究者曾为文尝试分析职场员工的自学素养，将此素养分成三个层次：①基础的能力(fundamental competencies)，如知识与理解等认知能力、基本的动机、兴趣及喜爱等情意能力，以及基本的读说写算等技术能力；②工具的能力(instrumental competencies)，如应用、分析或正向学习迁移等不同的应用性能力；③批判的能力(critical competencies)，如综合、评鉴、好恶、创造、改变及价值革新等属批判的各种不同能力。从基础到批判乃是拾级而上，由浅到深，每项能力都包含认知、情意与技能等不同领域的各项能力(王政彦，1999)。

全球信息网(World Wide Web，WWW)结合了图、文、动画、影像等技巧，已经蔚为网络使用的主流，各项工、商、教育的应用与网站的成立如雨后春笋，远程教学是人类学习历程上的一大创新，可能突破时间与空间上的限制，达成"实时可学"与"随处可学"的理想。思科(Cisco)总裁 John Chambers(台湾思科系统，2000)曾在2000年的世界信息科技大会(World Congress on Information Technology，WCIT)上指出："在现今的生活中有两种平衡器——因特网与教育，只有能深刻体认这项事实的政府、公司及组织，才能够在这波新经济网络变动中存活下来；反之，则将在快速变动的时代中落后消失。"亦即"谁能掌握因特网和教育这两大利器，谁就掌握着未来"。由此可知，网络学习与教育有着密切的关系。

网络技术的快速进步，已经大大地影响到以网络教学为主的学习课程之理念，所以传统的计算机辅助教学将会受到很大的冲击而逐渐被取代。网络教学需运用现今的网络科技——因特网与全球信息网，其中包含超文本、超媒体的技术，并结合文字、影像、动画、声音、图形等信息的网络多媒体信息查询系统。

在网络学习的情境中，学习者以自我为中心，独立且自主地运用多样化媒体进行学习，再加上面授、学习咨询及辅导等支持性的教学手段以实现学习成长。自我调控学习与网络学习两者关系的探讨，多以网络数字学习为主要情境。Rogers 和 Swan(2001)从认知与后设认知的角度，观察分析 80 位大学生运用因特网非结构式的信息搜索行为，归纳出四项认知投入的形式：自我调控学习、任务焦点、资源管理及接受者。研究中显示自我调控学习与因特网非结构式的信息搜索行为有密切的关系，可作为其中的一项认知学习策略。 Mcmanus(2000)进一步指出，在以网页超级链接为基础的数字学习环境中，教学策略、学习者特质、教材结构、自我调控学习、前导组织等因素，存在相互影响的互动关系。

(4) 当前对自我调控学习素养的研究仍以传统学生为主要对象。

当前有关自我调控学习素养的类似主题研究，仍是以传统学校的学生为主要的对象；也因此会以学生的学习成就或学习结果的相关变项作为主要的探讨议题。以最近的中外学者专家研究为例，诸如 Pekrun、Goetz 和 Titz(2002)以大学生为对象，分析课业情绪(academic emotions)对自我调控学习成就的影响； Ruban 等人(2003) 也 比 较 了 普 通 及 残 障 大 学 生 的 学 习 成 就 差 异 ； Ee 、 Moore 和

Atputhasamy(2003)则以高学业成就的小学生为对象，分析他们在自我调控学习策略上的应用；Eshel 和 Kohavi(2003)以小学六年级的学生为对象，探讨其学业成就；程炳林与林清山(2001)编制中学生的自我调整学习评量工具；魏丽敏与黄德祥(2001)以初中生及高中生为对象作学习成就的参照比较；程炳林(2002)以大学生为对象，探讨其学习策略的运用；林建平(2002)以资优生为对象，研究其自我调整学习的情况；林清文(2003)以高中职学生为对象，探究其学习策略的运用情况。类此有关自我调控学习的研究对象，仍是以传统的学校学生为目标族群，针对成人这种非传统学生的研究较少。上述的中外研究文献也显示，凡涉及有关社会人口等背景的差异分析或比较，也难以推论到成人族群，又遑论以网络学习为主的成人学习者。学习应发生在所要学习的知识内容的脉络情境中，让学习者在此环境中主动地与新的信息发生互动，并获得有用的知识，而不是将知识抽离其发生的情境，让学习者坐在教室中，被动地接受教学者已经重新组织过知识内容。凡此都凸显了针对在网络学习情境中的成人学习者进行探究的迫切性及必要性。

(5) 成人自我调控学习素养在不同地区的差异性比较亟待探究。

情境学习是指学习者必须借助与实际情境的互动，建立其对知识合理化的解释。就是说，学习是通过情境的互动，对知识不断建立理解和掌握的过程，符合上述原则所建立的学习环境，便是情境学习环境。因此学习者在知识形成的过程中，是主动的和积极的；学习者并非只是被动地接受外来的刺激，他们要与周围环境交互作用，在学习资源的脉络中，挖掘、发现其中隐藏的有用信息，并以此建立个别化的认知体系。

自我调控学习是自我学习的一种具体类型及策略，与自我导向学习有类似之处。只是在成人教育领域，对于自我调控学习的探究，远少于自我导向学习。然而，在教育心理学的实证方面，却都以传统学校的学生为对象，而对自我调控学习的研究，累积了相当丰富的成果。与传统的学生相比较，成人的学习特性较适合自我学习的类型，也较具有自学的潜能。因此，对于以学习者为中心的学习方式，从学习目标的设定、学习过程的时间、进度、资源、内容及问题等调整及控制，以迄学习结果的检视、反省、校正与回馈等，个人都扮演着学习的主角。这其中所应具备的条件，包括认知、情意、技能与后设认知等多方面的素养(王政彦，2000)。Allyson 与 Winne(2001)归纳相关文献之后，将自我调控学习分成四个阶段：①了解工作；②设定目标并规划达到目标的方法；③执行学习技巧与策略；④在后设认知上学习并持续应用。从此四个阶段可看出，自我调控学习包含了不同层面的素养条件。王政彦(2003)发展出了 28 题的"成人自我调控学习量表"，其进一步以成人不同的背景变项，如社会人口特质作区隔，深入分析及比较在自我调控学习素养上的差异，进而据此建立根植于不同背景的成人自我调控学习常模，在理论研究与实务应用上，都是具有探究价值的重要议题。

从后设认知的教学目标来看，当以运用因特网作为隔空学习的主要形态时，学习者若能善用自我调控学习的策略，将有助于学习效果的提升。Singh(2000)以"班级本位"及"影带本位"两种混合的自我调控学习模式，来增进学习速度较慢、在形成后设认知协调上遇到困难的学习者的能力，显示传统与隔空学习并用的自我调控学习，在后设认知能力的增进上，具有正面的效果；Eom 与 Reiser(2000)检视自我调控学习在"学习者控制"与"方案控制"两种不同计算机本位课程的学业成就及动机差异时，选取了 37 位六、七年级的学生做实验，发现"方案控制"组学习者其后测成绩显著高于"学习者控制"的学生；自我调控学习较低的学生，在"学习者控制"组表现亦较差。显示学业成就与自我调控学习成正相关的关系。此外，该研究发现在"方案控制"计算机本位课程的学习者成绩较佳，透露借助于以计算机为主的远程学习，六、七年级的年幼学生仍需结构化教材组织及教师协助。这些年幼学生的"学习者控制"的远程学习条件成熟度较低，不过，自我调控学习策略的应用有助于其增进计算机远程学习的效果。

在知识经济时代，"提高学习动机，增进学习效果"为学习型组织核心议题。成人自我调控学习是否能增进在网络学习环境的学习成效与知识管理，甚为重要，也就是在网络学习环境中，成人自我调控学习素养，需要进一步加以发展与验证。Zimmerman (1989)指出自我调控学习的三大决定要素包括：个人、行为以及环境的影响。个人的影响包括学习者的知识、后设认知的过程、目标及情意等项。行为的影响则包含自我观察、自我判断及自我反应。环境的影响主要是援引社会认知论的观点，主要项目有观察自己的行为、楷模学习、语言的说服，以及学习环境的组织等。同时，类似个人、行为以及环境等因素，在信息管理，组织行为(决策)等领域中亦多有探讨。

网络的普及和高速化日益改变着人们的学习方式，使学习方式不再局限于书本、课堂、电视、广播等传统的手段。借助因特网来学习和获取知识成为近几年来的热门焦点，使得因特网成为远程教学、终身学习、普及教育的一个重要媒介。有很多相关工作希望能借助计算机和网络来提供一个学习的机制，让使用者能不受地点、时间的限制而能达到学习的目的。因此，在数字情境中的自我学习均与自我调控学习的个人、行为与环境因素息息相关。更显示出数字环境下，针对特定的以异步自我调控学习者研究的必要性。

二、研究的重要性

本研究的重要性可从前述的背景窥见。就其重要性，以下列四点作具体的强调。

(1) 可延续系列的研究成果，以扩大潜在的研究效益及贡献。

研究者近年来的研究是以终生学习及成人自我学习为核心领域之一，探讨促进个人学习的条件，同时逐渐聚焦于"自我调控学习"。这在传统教育心理学中以正规学生研究较多，却减少以成人为对象，同时在成人教育领域着墨较少的具体议题为重点。研究者甫完成台湾国科会的两年期项目研究，针对自我调控学习的理论架构作了深入的学理及实证的分析；同时编拟了具有相当信效度的量表，为成人的自我调控学习提供了客观的评量工具，对于成人自我学习的具体化探究颇有帮助。对于本研究的进行，可延续此等研究成果，不仅以既有的研究作基础，同时也将充实系列性的核心议题，作持续探讨，作更深入及微观的分析，逐渐延伸讨论的问题范围，对于研究效益及贡献的提高，将很有裨益。

(2) 可比较两岸四地不同地区学习者学习背景的学习脉络，以了解成人自我学习的微观差异。

目前不论中外文献，对于成人自我学习的研究，仍亟须有较微观的深入探究，尤其是以台湾的实证资料作内容，逐渐累积并发展出理论素材。从以学习者为中心的观点来说，成人个体学习条件的分析乃是主要的切入点。在不同的个人学习条件中，可分为社会人口及心理变项两大群，其中又以社会人口变项属于个人的基本学习条件。因此，本研究乃以不同地区社会人口变项的成人为对象，调查分析两岸四地成人进行网络学习的自我调控学习素养；同时并比较其差异情形。此类根据不同地区的社会人口变项所做的差异比较，有助于对两岸四地成人自我学习条件的个别了解，对其在理论上内容层面的具体建构，以及实务上对成人的个别检视及教导运用，都具有相当的重要性及价值性。

(3) 可了解两岸四地成人网络学习情境的现况，以作为参考及比较的对照。

通过成人学习者在不同学习情境客观数据的提供，作为现况了解、问题诊断、差异适应及比较应用等用途。尤其是本研究将根据性别、年龄、职业、学校机构、居住地区及学生数等七项的不同社会人口变项作区隔，检视不同背景的成人学习者在网络学习情境下自我调控学习素养上是否出现差异，将有助于对异质性大的成人族群作分类，简化其间的复杂性。此一研究不仅在实务运用上具有相当的实用性，对于开发及累积实证数据，作为促进成人自我调控学习或整体自我学习的理论之建立，将有良好的帮助。

未来的网络学习环境将会是强调学习者的个别差异、重视学习的实际需求、加强全民终身学习的教育训练观与组织学习的概念整合。因此，未来的网络学习环境将是以教育、信息、传播、网络和通信科技为基础建设，所架构而成的一个开放式及多元媒体结合的组织学习和终身学习环境。

(4) 在不同的网络学习环境中，可促进成人自我调控学习的个别分析，以提升教学及辅导的效益。

成人平常忙于职场工作，能排除时空的障碍，进行学习已相当不容易，应值得加以肯定。对于利用网络学习的成人在自我调控学习素养上的研究，有助于对个别及各类别成人学习条件的分析，其结果的了解与应用，有助于在教学上的设计。诸如教学目标的制订、内容的选择、技巧的运用、评量及回馈的实施，将可在考虑个别差异下，增进因材施教及适应个别差异的效果。

(5) 成人学习的辅导，也是目前国内较缺乏，却是极为重要的研究课题。

对于成人学习辅导，若从不同的学习阶段观之，包括学习前的咨询及诊断、学习中的问题发现及了解、学习后的补救及加强等，有关成人学习困难及问题的咨询、讨商、诊断、治疗、改进及建议等辅导课题，本研究奠基于不同社会人口背景之成人自我调控学习素养常模的参考架构，将有利于个别的成人个体或群体作学习条件的分析，以提升对其学习辅导的效益。成人学习的辅导，也是目前国内较缺乏，却是极为重要的研究课题。

以思科(Cisco)为例，思科通过网络学习让散布在全球的所有员工，可以不用飞到美国硅谷圣荷西市的总部，就可以吸收新知，大幅节省训练成本。又如福特(Ford)汽车公司、戴尔(Dell)计算机公司、摩托罗拉(Motorolla)等公司，能运用网络学习来达成高效能的组织学习成果，让员工更方便、且更有效地学习专业性知识，且运用网络学习让员工可随时在网络上更新最新课程信息。随着网络学习时代的来临，整个远程学习方式都受到重大的影响，知识经济的特质因而形成，产生虚拟学习社群的学习趋势。处在信息爆炸的今日，结合远程学习的便利性，善用成人自我调控学习的各种优势，将是未来成人远程学习者成功的重要关键。因此本研究将结合两岸四地扎实兼具整合的实地调查研究，并提出针对网络教学课程规划配套的设计与教材编制的具体建议。

第二节　研究动机

根据前述问题背景与重要性，本研究关切两岸四地成人学习者通过网络为学习媒介，而探究自我调控学习素养的现况与差异情形，因而激发了研究动机，将其归纳为三方面并分述如下。

(1) 成人网络自我调控学习素养对建立终身学习社会的重要性。

在终身学习的社会中，每位成人学习者都必须认清自我是学习的主体，能够掌控自我学习在学习过程中的认知、后设认知、动机与情感或行为等层面，才是有效的学习。目前以网络方式进行教学是远程教学的主要媒介，就其本质而言，远程教学者与学习者是在处一种"准永久性分隔"(quasi-permanent separation of teacher and learner)之过程中进行学习的，必须使用科技媒介来传输课程内容，并且考虑到以成人学习者为学习主体，预先设想学习者的学习动机，在学习活动中可能遭遇的困难与障碍，配合学习者的习惯与特性，给以适当的协助与尊重

(Keegan，1990)。由于通过网络方式进行学习活动对成人学习者的约束力较少，学习地点与学习方式都较为自由。因此，网络教学可以在学习社会中，提供工业化所大量制造的教育产品给不同社会背景及动机及经验各不相同的成人学习者，协助其进行自我独立学习。而且网络教学的对象以成人为主，成人的学习环境是开放式的，所以教育机构需要加强学习者的自主性，教师在网络课程的策划必须了解成人学习者的学习习惯、学习方式、使用网络的学习状况等，才能提供适宜成人网络自我调控学习的课程。

(2) 成人自我调控学习的理论，可以提升成人网络学习成效的启示。

在远程教育理论上，Moore(1991)认为学习者要在远程教育课程学习中成功，必须要能自主学习，即能寻求教师的协助、解决问题、整合信息以及对整体学习历程的自我调控学习。在培养成人成为一位终身学习者之前，必须让成人学习者了解并运用自我调控学习的重要性，以便在知识及信息爆炸的社会中，有效地选择、处理、记忆、储存自己所需要的信息，进而建构自己的知识体系。如果成人学习者能够利用自我调控学习进行更有效的学习，那么所有的学生都可以成为"聪明的学习者"。从成人教育的立场来看，教育的主体是人必须对学生有充分的了解，成人学习者通过网络学习的学习现况、行为与其自我调控学习素养的情形值得重视与深入研究。

(3) 深感跨地区成人网络自我调控学习素养相关研究与差异比较的缺乏。

对于自我调控学习的理论及相关实证研究，或为国外研究所得之结果，却都以小学、初中、高中阶段的传统学生为对象。王政彦(2000a)指出："对于自我调控学习的研究仍以教育心理学者为主流，所关心者是传统学校学生自我调控学习的情况，以及相对变项影响及关系。至于成人教育者以成人为其对象探讨其自我调控学习的相关议题仍寥寥可数。"目前而言，全世界的网络学习都在蓬勃发展当中，但是只有少数的实验研究，缺乏较有系统的研究。成人学习者是国家的未来的领导者与基干，接受网络教育的学习者对于网络教学的教材内容、教学方法、媒介呈现方式、播送时段及播送频道的自我调控学习状况如何？实有全盘加以了解的必要，以便发展更完善的网络教学体系，改进成人学习者自我调控学习素养。

因此，本研究欲了解两岸四地成人网络学习者的不同社会背景变项及不同地区变项在成人自我调控学习素养变项方面上是否有显著的差异存在，本研究者深感实有待于科学的研究以验证观察的结果来加以解释说明。

第三节 研究目的与研究问题

依据研究动机，提出本研究具体的研究目的与研究问题，分述如下。

一、研究目的

(1) 了解两岸四地成人在网络自我调控学习素养上，学习者的不同背景变项在自我调控学习的现况及其影响因素。

(2) 探究两岸四地成人在网络自我调控学习素养上，整体学习者的不同背景变项在自我调控学习素养的差异现象。

(3) 比较两岸四地成人在网络自我调控学习素养上，四个不同地区的学习者在自我调控学习差异状况。

(4) 探究两岸四地成人网络自我调控学习素养上，各地学习者的不同背景变项在自我调控学习素养各层面的差异状况。

(5) 综合研究结果，提出改进两岸四地成人网络教学机构经营、网络教学成效及提升成人网络自我调控学习素养的具体因应策略，以供改进网络学习的参考。

二、研究问题

(1) 两岸四地不同背景变项的各地成人在网络自我调控学习素养上，是否有显著差异？

(2) 两岸四地不同背景变项的全体成人在网络自我调控学习素养上，是否有显著差异？

(3) 两岸四地的不同地区成人在网络自我调控学习素养上，是否有显著差异？

(4) 依据其差异情形，对两岸四地的网络学习者及其机构能否提出具体的建议？

第四节 名 词 释 义

为使本研究探讨的重要变项定义更为明确，兹将有关的重要名词，包括"网络学习"、"成人自我调控学习素养"等分别界定如下。

一、网络学习

网络学习是指两岸四地成人学习者通过网络学习环境进行的学习活动，有广义与狭义之分。广义的网络环境是指基于卫星电视网、计算机网络和电信网络为一体的网络环境，而狭义的网络环境(Web-Based Environment)主要是指基于计算机网络的环境。

二、成人自我调控学习素养

成人自我调控学习素养是指通过网络学习情境的成人学习者在后设认知、认知、动机及行为上主动参与其学习过程的程度，着重个人如何引起、改变、及持续学习以及学习迁移的过程(王政彦，2000b)。

本研究所称系成人自我调控学习素养，是指受试者在王政彦教授所编的"成人自我调控学习素养"量表上所填的得分为代表，此量表共分为六个分层面，分别是"学习过程的改进"、"学习数据的搜寻"、"学习内容的掌握"、"学习的自我激励"、"积极的自我概念"及"学习伙伴的寻求"。若得分越高，表示成人学习者的自我调控学习素养越好，反之则有待加强。

第五节 研究范围与限制

基于上述研究动机及为达成研究目的，本研究分析两岸四地成人学习者在网络学习情境中的自我调控学习素养的现况并加以比较，并与中外的相关研究结果相互验证，本研究范围如下。

一、研究范围

1. 研究地区

选取两岸四地以网络学习的成人学习者为范围。大陆幅员广大，则分为华北、华中、华南、东北、西北、西南等地区。其他三地因幅员不大，则不再细分。

2. 研究对象

本研究以两岸四地通过网络学习的在学成人学习者为研究对象。对于其他地区通过网络学习的成人学生，并未在本研究范围内，因此在研究的推论及解释上要相当谨慎。

3. 研究时间

本研究于 2008 年 8 月 1 日开始进行研究，预计以 24 个月时间研究，于 2010 年 8 月 31 日完成。

二、研究限制

本研究以两岸四地的成人网络学习者为研究主体进行研究，有以下几点的研究限制。

1. 研究对象

研究的对象为两岸四地的成人网络学习者，然而大陆的幅员广大，香港、澳门、台湾地区实无法与之相比，所以在选择调查及访谈对象时，无法遍及大陆各地区，仅能以较有代表性的机构来选取对象，而在港、澳、台方面，虽然在比例上有较多的机构可供选取，但其参与的比例也无法一致，除受限于研究的区域有较大的差异外，两岸四地本身人口数不同、幅员大小不同、学校数量不同等因素也有很大差异，再加上研究时间与经费的限制，因此本研究无法参照一定的比例来进行研究，此为本研究的限制之一。

2. 研究方法

本研究采问卷调查法及访谈法进行，只是两岸四地的风俗各异，且研究的属性各有不同，加上跨地区，时间安排不易；为了顺利完成研究数据的完整，免于因时间安排的限制而失去重要访谈数据，因此在使用研究方式上采用因地制宜的方式。虽然无法完全一致，然而在研究对象的时间安排上却较为顺利，也较能得到准确的研究资料。这也是本研究在研究方法上的限制。

第二章 文献探讨

本章分为三节探讨两岸四地成人网络自我调控学习素养之研究，第一节为两岸四地成人网络自我调控学习的发展现况与省思；第二节为自我调控学习素养的理论及相关实证；第三节为网络学习素养的理论及相关研究。现分述如下。

第一节 两岸四地成人网络自我调控
学习的发展现状与省思

网络学习的情境就同 Siegel 和 Kirkley(1997)在"数字学习环境之说"中所指：为迎合数字学习环境，网络信息就如同网络一般，通过交互式多媒体的超文件，将图形、数字声音与生动的影像动画相互联结；而 Nyhan(1991)认为自学能力主要有两项：①应用所学的知识于不同情境的能力；②解决问题而不会放弃或变得有挫折感的能力。因此，两岸四地的学者，在研究网络自我调控学习的相关文献中，于量的方面有增加的趋势；但中外学者愈是注重，问题的呈现则愈多。本节在探索两岸四地之网络学习现况，针对两岸四地之成人在网络学习中自我调控学习情形，作分析之呈现。

一、两岸四地成人网络自我调控学习素养的现状

1999 年 6 月大陆召开第三次全国教育工作会议，确定了高等教育发展的新思路，同时影响着网络教育的发展(梁文慧、王政彦、郑琼月，2006)。大陆乃是以网络教育为强，在行动中不仅是积极发展网络教育，在政策上乃是将中国教育体系的变革延伸至中国社会整体系统的变革发展的需要；大陆网络教育亦是教育技术领域重要分支，是教育技术能力标准的重要因素之一(宋雪莲，2009)。大陆网络学习课程已开办 10 年，就其网络学习课程通过两个步骤来激励学员：一是加强"导学"；二是以服务为导向的"督学"。目前教育部正扩大建立高校优质资源等相关网络资源，供学习者充分利用。高校对网络教学积极的推动，已成为大陆广大成人群的需求，虽然网络的需求性愈来愈高，教育部则严格控管各高校的网络教学。所以自主性强的学习者在网络教育环境下，将真正得到所需，在自我控制学习的内容和过程、自主决定评价的方式上得到发挥。网络学习根本上改变了传统学校教育的时空观念和师生角色观念，同时也改变了传统学校教育的教学模

式(陈城，2009)。

1999 年香港提出了"终身学习、自强不息的 21 世纪教育蓝图"，强调 21 世纪教育目标，对大学持续教育有诸多的改革(郑琼月，2006)；香港接受英国的传统教育制度，相关的网络学习设备，皆非常齐全也很普遍。但是香港政府在现阶段没有特别的经费，可支持高等学校网络学习的课程。在 2012 年后，香港政府对各大学将进行课程改革，大学学制从三年制改成四年制，届时学生数增多，学费增加，网上课程的需求可能就会增多。目前政府部门将全民的教育程度分成七等级，造成各行各业的成人相当在意自己受教育的等级，纷纷以拿到文凭为重点，短期间对继续教育形成负面的影响。然而，高校的网络学习是采辅助性的，所以相对的在网络学习资源的投入会比较少；因为主流的大学是由香港政府出资经费资助的，对于学生通过网络学习的方式被视为非主流的方式、是辅助性质的及非学历的。

澳门回归祖国接近 10 年，澳门经济环境发生了翻天覆地的变化，澳门的国际化形象也日益加深，对人才的需求也提出更高的要求。早期澳门是深受广东省重商不重教育的影响，57 万左右的人口，平均受教育程度是非常低的，大学教育也并不理想，和大陆及香港是无法相比的。但近十年来，澳门的成人在自我调控学习方面已懂得追求如何提升自己。成人觉得工作后能有足够的机会及空闲的时空，在继续自我的学习，对自己的工作是有帮助的，因此在学习态度上的表现也非常好。自澳门赌场开放后，大多数人是在赌场工作，企业界为使在赌场工作的员工能提升相关的知识及信息，与教育单位策略联盟，且设有相关网站可以学习，在工作之余，也可以通过网站自我调控学习。

王政彦(2003)认为自我学习是指以自我为中心(self-centred)或以自我为本位(self-based)的学习。这种以自我为中心的学习，正是成人学习的主要方式，台湾网络的教育虽不受高等教育机构的重视，但在职的成人对网络学习的需求，仍不受环境影响，尤其积极地向台湾空中大学及高雄空中大学求学。台湾的远程教育的价值逐渐受到肯定，远程教育领域的研究者与实务工作者目前更关切的是，如何提升教学设计、学习活动与资源的质量，甚至如何引领学习者通过网络学习提升自我学习的素养；可是台湾就于地理环境及交通便利之故，170 多所的大专院校，每年因招生问题，而伤透脑筋，为了教育成本的考虑，不愿意针对网络教育再作经营。因而台湾目前能利用网络教学的机构，只有台湾空中大学及高雄空中大学。

二、两岸四地成人网络自我调控学习的省思

(1) 大陆在网络教育的努力已有十年的光阴，在政府及学校的辛苦耕耘下，

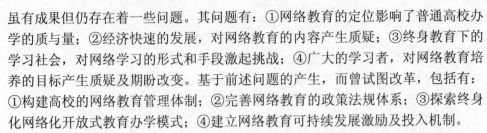

虽有成果但仍存在着一些问题。其问题有：①网络教育的定位影响了普通高校办学的质与量；②经济快速的发展，对网络教育的内容产生质疑；③终身教育下的学习社会，对网络学习的形式和手段激起挑战；④广大的学习者，对网络教育培养的目标产生质疑及期盼改变。基于前述问题的产生，而曾试图改革，包括有：①构建高校的网络教育管理体制；②完善网络教育的政策法规体系；③探索终身化网络化开放式教育办学模式；④建立网络教育可持续发展激励及投入机制。

(2) 香港的开放教育在高等继续教育的机构中，尤于对推行网络教育之积极性不够，而所造成在网络教育的问题，深值省思；其问题有：①未能与传统教育相结合，而无法产生网络教学的优势；②未能与传统的教学时数相互调配，而影响开放教育资源的利用；③未能成立区域性的合作机构，加强亚太地区的交流，以扩大提供支持服务。

(3) 澳门的网络教育发展的空间虽很大，澳门的教育单位及高等学校也有相当的认知及远见，但在网络教育的问题上，还有深值省思及发展的空间；有：①期与大陆及香港发展外围网络学习平台，共享网络教学资源；②学校机构要能针对影响澳门经济发展的因素发展网络教育，藉以提升澳门的教育地位；③鼓励澳门成人藉网络自我调控学习的机会，提升成人自学的素养。

(4) 台湾基于少子化的环境及地理环境的影响，大部分的大专校院均不愿意发展网络教育，其主要原因是：①政府的政策及鼓励不够明显；②学校不愿意额外的投资；教师对于面对面的教学已经习惯，不愿意大幅度地改变；③学生对于网络学习的学习习惯仍处于传统的教学模式，对于网络学习的定义仍模糊不清。成人远程学习更迫切需要自我调控的素养，而此素养的优劣，将更直接影响到学习结果。

然而在两岸四地成人网络自我调控学习素养之文献中，与本研究之现况及省思的相关文献探究得知的内容，现分述如下。

高校对网络教学积极的推动，已成为大陆教育政策的重大改变，然网络的需求性愈高，教育部就愈严格控管各高校的网络教学及评鉴。殷微(2009)则以网络自主学习下的形成性评估作研究，认为提高教学质量和人才培养质量，是高等学校教育教学改革的根本目标，科学的评估与监控是实现这一目标的重要手段。

两岸四地的成人运用网络学习时，在自我调控学习的方面，却往往忽略了自主学习能力的重要因素——元认知能力，倪丽君(2005)认为基于元认知的网络自主学习环境，应以当前流行的各种网络学习模式，以先进的教育思想、理念为指导，重视对学习者认知能力和情感方面的培养。杨德超(2009)以基于网络自主学习的元认知能力提高探究为研究，认为日新月异的现代信息技术正在影响和改变着我们现有的学习方式、工作方式、生活方式和思维方式，并向教育提出了严峻的挑战。陆宏(2008)则以网络环境下自主性学习模式在中等职业学校公共关系课中的有效应用的研究中，认为网络教育，构建创新性教学的理论和实践模式，激发学生质疑力、探究力、想象力和创造力的欲望，培养学生的创造性的思维能力。且宁静(2009)以构建校内网中大学生网络自我形象的因素分析为研究，衍生出构建SNS 中的网络学习，认为以现实自我为基础脱胎演化，处于社会群体中的个体，会自觉或不自觉地对自我形象优化管理。

借助网络学习而调整教师的角色，并选用学习策略、教学活动及学习基础能力等，实施语言的有效教学，以使借助网络学习的学习者能自我的学习。彭圆(2007)以网络为学习情境，指出教师角色的调整是一项关键因素，可从学习策略、教学活动及学习基础能力等分析如何培养成人英语自主学习能力。网络教学配合语言的教学趋向以个别化的教学，发挥网络学习的功效。周仕宝(2002)认为个别化教学是大陆成人远程教育的必然趋势，尤其在现代科学技术的支持下，成人英语教学必定走个别化教学之途。

学习者对网络学习的准备心理及藉网络学习之便的知识，对自我学习会有影响，翟绪阁(2009)以大学生网络自主学习影响因素研究，认为高校拥有优秀、丰富的软硬件技术和资源，大学生所具备的心理、学习技能和网络知识使得高校开展基于网络的自主学习成为可能。但以地区、年级、县市、学习成就、网络使用频率为研究，而探讨其对网络学习的优越性，有张永盛(2007)认为南部地区的小学高年级学生，在网络自我学习环境知觉中，一般地区比较优于偏远及特偏远地区。李祈仁(2007)认为原住民地区小学生，于年级、县市、学习成就、网络使用频率之层面，在自我学习适应与网络自我知识移转效能时有显著差异。

从以上文献分析得知：在网络自我学习的环境中，网络的个别化教学是成人远程教育的必然趋势；丰沛资源的网络教育，有助于增多学习者的学习内容；以网络为学习情境，可以培养学习者自主学习能力，且能使教师的角色做适度的调整。两岸四地成人在网络自我调控学习上，是有必要由政府多方面的倡导，加强学校与企业的产学合作，及教师在心态的改变。尤其两岸四地在网络学习的平台互动上，应相互拟定共享资源的策略，以提升两岸四地成人学习者之间在网络学习平台上能相互学习、相互讨论，而为成人网络自我调控学习素养之升华。

第二节　自我调控学习素养的理论及相关实证

1977 年 Bandura 即提出自我调控学习的概念，在当时并未引起广泛的注意。直至近二十年来，心理学家开始关注自我调控学习的发展，尤其在后设认知日益受到重视后，自我调控学习的理论如雨后春笋般地受中外学者不断地研究探讨。

一、自我调控学习的定义、假设及特征

1. 自我调控学习的定义

"自我调控学习"一词译自英文"self-regulated learning"。两岸四地的研究者有不同的翻译，或译为"自我调整学习"(毛国楠、程炳林，1993；程炳林、林清山，1995)；或"自我调节学习"(魏丽敏，1997)；或是"自律学习"(林心茹，2000)。王政彦(2000)参酌此一概念的意涵，将"regulate"译作"调控"，兼有调整、调节、掌控、控制的意思。尤其是掌控或控制更可凸显自我学习的自我本位特性，以及学习者自主性的特质。另外，Zimmerman(1989)在进一步归纳行为学派、社会认知论、行动控制论、现象学、认知建构论及 Vygotsky 的观点等六种不同的自我调控学习观点之后指出，不同观点之间，对于自我调控学习的界定有以下几点共通之处：

第一，各种定义都假定学习者可以觉察到运用自我调控学习可以提升自己的学业成就。

第二，自我调控学习中自我导向的回馈循环(self-oriented feedback loop)。此循环指的是一个循环的历程，在此历程中，学习者自己监控所使用的学习方法或策略的效率，并使用各种方式(如：内在自我知觉的改变或外显的行为改变)对这一回馈做出反应(Carver & Scheier，1981；Zimmerman，1988)。

第三，自我调控学习的界定皆在描述学生如何(how)和为何(why)选择使用一个特定的自我调控学习策略或反应。

第四，大部分的理论皆欲探讨学习者自我调控学习为何会失败的因素。

第五，大部分的自我调控学习论者都假定进行自我调控学习常常需要相当的准备时间、专注和努力。所以除非学习者认为在经自我调控学习之后的结果有强的吸引力，否则无法激励学习者主动进行自我调控学习。

因此本研究乃采用其观点，统一使用自我调控学习这一名词。兹将中外学者对于自我调控学习这一概念所下的定义整理如表 2-2-1 所示。

表 2-2-1　中外学者对自我调控学习的定义

年　份	研究者	定　义
1977	Bandura	自我调控学习是指个体的行为，会因自己观察到或经验到的外在结果而加以调控，此种自我调控的行为主要是由于个体有自我指导的能力，而这种能力可通过行为的结果，可对自己的思想、行动与情感产生控制与引导作用。

续表

年 份	研究者	定 义
1992	Zimmerman 和 Martinez-Pons	自我调控学习是指学习者能在后设认知、动机与行为三方面主动地参与自己学习之历程。在后设认知历程方面，自我调控学习者能计划、组织、自我教导、自我评估知识获得的各种历程；在动机方面，自我调控学习者能把自己视为自我效能、自主与具有内在动机者；在行为方面，自我调控学习者能选择、建构与创造适宜的社会与物理环境，也因此，有效能的学习者能够了解思考与行动的类型(即是策略)，以及社会与环境结果之间的关系，可见自我调控学习与后设认知及动机两大因素有密切的关联程度。
1993	Garcia 和 Pintrich	自我调控学习为技能与意志的融合，指学习者在达成目标过程中，不同学习策略的发展。
1993	Corno	自我调控学习是指学习者能积极主动的运用行动控制策略来增进学习效果之历程。所谓自我调控学习是指学生自发思考，有系统地引导自己的情感和行动，以达成学习目标的历程。
1994	Schunk	自我调控学习即是鼓励追求成功，并避免失败的学习。
1995	Pintrich	自我调控学习是指学习者在学习过程中，为达成学习目标，在动机、认知与行为上所作的自我控制。
1996	Zimmerm 和 Bonner Kovach	认为在课业的学习上，自我调控学习是指学习者有系统地将其产生的想法、情感与行动朝向目标的达成。
1999	Boekaerts	自我调控学习是指个人在后设认知、动机及行为上主动参与其学习过程的程度。着重个人如何引起、改变及持续学习，以及学习迁移的过程。
1999	Malpass 等人	个体有系统使用其后设认知、动机及行为策略的历程。
2001	Cheste	自主学习是学生对于学习环境的知觉及为了达成目标而改变环境的多种方式。也是学生自己在迈向学习之路的认知上，展现出有计划的行为。
1998	刘佩云	自我调控学习为在学习过程中，通过后设认知、后设动机与后设情感的互动，以行动控制策略防止干扰，维持并达成目标的历程。
1998	吕祝义	自我调控学习是在认知活动中，可以促使一个人运用适当的策略去执行计划，同时在活动中也会评鉴自己的表现，修正调控自己的策略以完成目标。
2000	陈品华	自我调控学习是一个学习历程的整合概念，它涵盖了学生在学习历程中所可能涉及的动机、认知与行为各个层面，并强调"自我"与"选择"二者在学习中所扮演的重要性。

续表

年　份	研究者	定　义
2000	王政彦	自我调控学习系指个人在后设认知、认知、动机及行为上主动参与其学习过程的程度，着重个人如何引起、改变及持续学习，以及学习迁移的过程。
2007	张纯瑗	学习者自己设定学习目标、找出达成目标的策略或方法、监控自己的学习历程，并随时根据结果修正学习的策略或目标。

综上所述，不同的中外学者对自我调控学习各有不同之界定，综合各学者不同观点而言，大多从认知、后设认知、动机、行为、目标设定或情感反应等不同层面来界定自我调控学习这一概念。

2. 自我调控学习的基本假定

根据 Zimmerman(1989，1994)的研究，自我调整学习理论有三项主要的基本假定：

第一，学习者能够通过后设认知及动机策略的选择使用来提高自己的学习能力。

第二，学习者能够主动选择、建构，甚至创造有优越的学习环境。

第三，能够在选择本身所需的教学形式和数量方面扮演重要的角色。

3. 自我调控学习的特征与历程

Zimmerman(1994)根据自我调控学习理论，认为一位良好的自我调控学习者有三项特征：①对于学习工作经常会展现高度的坚持力。②在解决学习问题时很有信心，会善用社会上可用的资源。③对于自己的学习表现常会自我反应。

Bandura(1986)提出自我调控学习模式包含三个历程：自我观察(self-observation)、自我判断(self-judgement)以及自我反应(self-reaction)。Markus 与 Wurf(1987)研究指出，自我调控学习历程可区分为六个次历程：目标设定(goal-setting)、行动的认知准备(cognitive preparation for action)、行为(behavior)、监控(monitoring)、判断(judgement)、自我评鉴(self-evaluation)。

McCombs (1989) 将此六个次历程统整成自我调控学习所包含的三个次历程：目标设定、计划与策略的选择(planning and strategy selection)、表现的执行与评鉴(performance execution and evaluation)。

Simons 与 Vermunt (1986)将 Bandura 在同一年提出的自我调控学习模式区分成一个更明确的八个阶段的自我调控学习历程：定向(orientation)、计划(planning)、监控(monitoring)、测试(testing)、诊断(diagnosing)、修正活动(repair activities)、评鉴(evahiation)及反省(reflection)等。

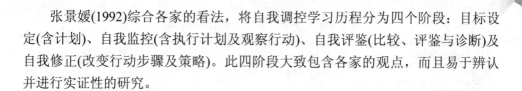

张景媛(1992)综合各家的看法，将自我调控学习历程分为四个阶段：目标设定(含计划)、自我监控(含执行计划及观察行动)、自我评鉴(比较、评鉴与诊断)及自我修正(改变行动步骤及策略)。此四阶段大致包含各家的观点，而且易于辨认并进行实证性的研究。

二、自我调控学习的理论

近年来自我调控学习概念颇受两岸四地之学者的肯定，自我调控学习并非是单一的理论，其所呈现的是多元、复合层面的复杂现象，可由不同角度加以探究。自我调控学习的发展最早是由于认知心理学是目前心理学研究的趋势，造成只偏重认知的研究，近年来有部分认知心理学者认为不足以解释自我调控学习的整个全貌。在参酌比较各学者对自我调控学习理论基础的分类，王政彦(2000b)将相关的理论基础归纳综合为以下五类：社会认知论；认知建构论；行动控制论；增强论；自我及社会发展论等。Schunk(1996)所列的发展的观点主要是从自我及社会发展的角度，探讨其对自我调控学习理论的影响，其内涵与 Boekaerts(1999)指出之自我理论相近，但在范围上更广泛。至于林清山及程炳林(1995)归纳的现象学观点，其论述主题仍以自我系统结构及自我系统历程为主轴。 Pintrich 与DeGroot(1990)认为仅有认知能力尚不能充分增进学生的学习，必须有动机去使用他的自我调控学习能力，方能使学习产生较大的成效。 Zimmerman(1986)也认为如要使自我调控学习能力更有效，也要增进其学习的动机成分。

自我调控学习的相关理论根源，主要有社会认知论、认知结构论、增强论、行动控制论、现象学等，兹分述如下。

1. 社会认知论

社会认知论(social cognitive theory)的自我调控学习观点系以 Bandura 的交互决定论和双重控制历程观点为核心。社会认知论重视"动机"、"目标设定"与"情感反应"，认为学习者的认知会导引个人成就行为，学习者必须相信自己有能力去掌控环境，对学习有预期结果并多做练习以达成所设定之目标。

1) 交互决定论

交互决定论(reciprocal determinism)认为自我调控学习系由个体(personal)、行为(behavior)与环境(environment)三变项交互作用的结果，意即自我调控学习不单由个人因素所决定，同时亦受学习环境因素及行为表现的影响。如表 2-2-2 及图 2-2-1 所示。

表 2-2-2 人类行为的三个影响因素内容

个人因素的影响	行为表现的影响	学习环境的影响
知识	自我调控活动的促动	自然的情境
(1) 叙述性的	(1) 自我观察	(1) 工作的特征
(2) 自我调控的	(2) 自我判断	(2) 外在的结果
自我效能信念	(3) 自我回应	物质和社会的资源
目标或意向	(4) 环境的规划	
个人的影响	行为的影响	学习环境的影响
后设认知过程		
(1) 计划		
(2) 行为控制		
情感过程		

(资料来源：Zimmerman,1990：192)

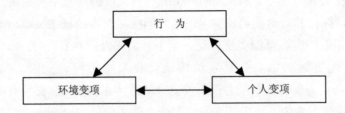

图 2-2-1 交互决定论三因素

(资料来源：Zimmerman,1990：192)

2) 双重控制历程

Bandura 的双重控制历程(dual control process)强调自我调控学习是学习者通过自我动机(self-motivation)的历程进行。也系指矛盾产生(discrepancy production)与矛盾解除(discrepancy reduction)。亦即自我调控学习主要是藉由自我动机的运作而进行，而自我动机有赖矛盾产生(discrepancy production)与矛盾解除(discrepancy reduction)的双重历程。所谓"矛盾产生"历程，是指学习者通过自我观察、自我判断与自我反应等历程后，设定比自己能力稍高的挑战性或自认为有价值的目标之后而产生的一种认知失衡心理状态。"矛盾解除"历程，是指学习者自己努力并采取必要的手段或行动以完成自己设定的目标，解除此一矛盾。当设定的目标达成之后，学习者会对行动结果进行认知评鉴，产生满意与否之情感反应，如自觉满意，则心理的矛盾失衡状态自然解除。学习者又设定另一个更高的目标，当新的目标设定之后，新的矛盾又会再度产生，学习者将再寻求矛盾的解除。所以自我调控学习乃是矛盾产生与矛盾解除的双重控制历程，如图 2-2-2 所示。

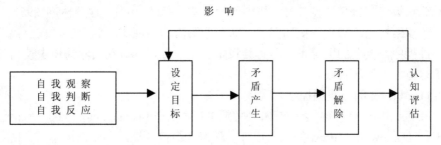

图 2-2-2 社会认知论的双重控制历程

(资料来源：转引自李嵩义，2002：26)

3) 自我调控学习社会认知

学习目标效能可分为自我观察(self-observation)、自我判断(self-judgement)以及自我反应(self-reaction)。此三种历程并非各自独立运作，而是彼此互相作用的。

自我观察是指个体对自己学习行为表现的了解与掌控，设定目标达成的标准，作为评量的依据，并使用自我监控的策略来评量目标达成的情形。自我观察可通过自我记录(如日记、工作进度记录或统计图表)获得增进。Zimmerman(1989b)研究指出，自我调控学习成功的关键有赖于自我观察的正确与否，而密集且持续的自我记录是自我观察正确与否的重要关键。在自我观察历程中，不仅可以获取信息，决定自己目标达成的情况，而且可从信息中激励学习动机，促使某些行为发生改变，此行为上的改变就是自我调控学习的历程。在自我观察历程之后的心理活动是自我判断历程。自我判断历程系指个体将自我观察到的行为表现和自己所设定的目标标准相比较，以评量自己前后行为表现的差异情形，意即依据自己的标准来比较自己的行为表现。目标设定是行动控制的源头，当学习者目标设定后便开始调控自己的行为表现，而目标设定可藉由学习策略影响行为表现。

自我判断就是学习者自我决定成就水平或目标达成的状况，判断的基础有可能是以常态的标准(normative standard)为依据，也有可能是个人绝对的标准(absolute standard)。常态标准是以他人成就为基础，是个人和他人作比较的基准；绝对标准是个人主观设定的基准，两种判断的标准都对目标的达成有所影响。当学习者看到他人都可以成功时，他也会相信自己可以成功。个体经由自我观察、自我判断后，可能有各种不同的行为表现，藉以达成目标，而自我反应则是学习者经由努力与坚持使自己有良好的行为表现，或对达成目标的反应方式。

2. 认知建构论

认知建构论(cognitive constructivist)的自我调控学习的观点早期是根植于Piaget 的认知发展阶段论及 Vygotsky 的心理功能发展论，而新近的认知结构论则以信息处理论及后设认知论为基础，探讨学习者的信息处理过程以及认知策略、

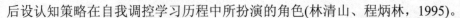

后设认知策略在自我调控学习历程中所扮演的角色(林清山、程炳林，1995)。

认知结构论者极重视认知因素，认为学习者应扮演主动的角色，在自我调控学习过程中，重要的关键是学习者会设定一个目标，并且在实际情境中使用各种的策略努力去达成目标。

1)　Piaget 的自我调控学习观点

Piaget 提出自我调控学习有三种主要的类型：①自动性(automous)：系指任何知识行动(knowing actions)的先天成分，学习者会持续地规划或调控学习、精巧的步调(fine-tunning)及调控行动(modulating actions)。②行动性(active)：与尝试错误有关，学习者会建构与评鉴"行动的理论"(theories-in-action)，在行动的理论支持下，学习者会通过具体的行动评核现时的理论，以便产生明确的结果，只有当现时理论与其应用的可能性得到肯定与巩固，学习者才能认识到个体所作的规划或调节具有相互论证性(counterexamples)。③意识调控(conscious regulation)：是指心理上形成假设，以便通过想象的肯定性证据或相互论证，加以考证(Brown，1987；Piaget，1976)。

依 Piaget (1976)认为自我调控学习、错误校正、尝试错误、理论评核等，并不是一种意识经验，但可能是在行动中产生，不过高层次理论的建立与评核却是意识作用，意识作用可以使心智推理从对主动评核的依赖中释放出调控的功能。在学习者初始的自动调控阶段中，包含着潜意识的调适以及动作技能的精巧步调，稍后个体才能通过具体的尝试错误评核行动理论，此种主动的调控使学习者能成功地解决问题，经由发展的进步、个体潜意识的自动调控转变成主动的调控。皮亚杰认为，主动的调控是任何认知行动、意识调控与思考引导的重要成分。

整体而言，虽然皮亚杰的自我调控学习未形成明显的模式或体系，但皮亚杰的理论着重自我调控学习的重要性，个体的调控能力与其认知发展及学习效果有密切关联。他已指出自我调控是个体运思的重要成分。

2)　Vygotsky 的自我调控学习观点

Vygotsky 理论的两个重要核心为自我导引与自我调控学习。因为内在语言具有自我导引的作用，当个人自我涉入(self-involve)内在语言之中，个体将能通过问题的解决、策略教学等形成自我的掌控，并进而能自我调控学习状况，形成适性的学习效果(Corno，1988；Vygotsky，1962)。

Vygotsky 的认知结构论，强调人际互动与社会重建对个人自我调控学习的影响。基于此观点，建构主义论认为学习具有下列六个原则：①个体有寻求信息的内在动机。②了解起于特定信息之上。③心智的表征不断发展。④了解的层次不断进步精密。⑤学习有发展上的限制：个体因受成熟、先前知识与经验等的影响，在发展上有其限制。⑥内在思考与重建有助于学习(Paris 和 Byrnes，1989)。

Vygotsky 认为自我调控学习是一种社会化的过程，同时也是自我内化社会与教导环境(如家庭与学校)的过程。学习相关的事件并非孤立的，先前与目前的人际状况与个人内在的结果(intrapersonal consequences)密切关联(Rohrkemper, 1987)。也因为 Vygotsky(1978、1986)注重学习的内在历程，他的理论也被视为是一种内化理论(theory of internalization)，他认为所有的学习都是个体通过内在历程的经验所转换而成，个体的发展基本上是一种经由社会活动而逐渐内化与个人化的历程。内化过程是逐渐形成的，由自我内在语言发展的观点出发，他认为心智是社会生活的产物，适性的学习(adaptive learning)源起于社会世界，内在自我导引需要有密切的社会互动，经由与社会互动促使个体内化外在的社会文化与教导环境，而成为个人掌控语言的核心。其理论的最大贡献，在于重视内在语言与内化的学习历程，由于内在语言与内化历程和个体与他人沟通、掌控环境以及自我调控学习有密切相关。

认知建构论者认为自我调控学习包含四要素：自我；努力；学习任务；工具性策略，这四要素可用来分析学习者的自我调控学习行为。

总之，认知建构论者关注自我调控学习的多重要素、相关的结构与功能，自我调控学习就是促使个体具有持续学习的能力或力量。良好的自我调控学习者能适性的学习，自我克服障碍，并应用策略或技巧去学习。Vygotsky (1962)认为学习者的社会与教导环境(Social/instructional environment)在学习上扮演重要的角色，学习者的父母、老师、学习内容及同侪都会影响其学习的成效。

3. 增强论

增强论的观点认为，其操作制约学习是学习理论的核心。行为主义重视行为与环境间的关系，自我调控学习的反应必须和外在的增强刺激相联结，强调自我监控，重视自我教导也重视外在的教导如楷模增强等。并认为行为是环境的产物，自我调控学习的行为(self-regulated behavior)亦同。个体受到环境中相关人与事增强的结果，某些行为就会继续维持，亦即受到增强的作用，某些行为重复发生的可能性会增加。

增强论者将自我调控学习分为三个阶段：①自我检校(self-monitoring)；②自我教导(self-instruction)；③自我增强(self-reinforcement)。自我检校是指学习者自己观察与纪录自己的行为，有更审慎的注意力。当个体受到环境制约后，行为改变就是自我观察与自我记录或设定规则，以便行为能迎合不同的增强，而作出不同的行为反应。自我增强是指学习者满意自己的学习结果后，导致个人的成就标准提高的可能性。事实上，自我增强即是学习者能自我强化他们自己的行为，当个人为迎合或超过个人外在的成就标准时，个人比较会相信他们有能力去规划自己的行为，个人自我的语言、想象，或其他明确的酬赏，都可以视同外在的酬赏，有助于个人强化自己的行为。

综上所述，操作制约学习论者认为自我调控学习是以操作行为为基础的，自我调控学习行为与其他的行为相同，皆是行为结果的函数，当学习者可以使用各种方式，安排环境时，他们的行为导致强化或处罚性刺激发生的可能会增加。

4. 行动控制论

行动控制论(action control)或称意志分析论(volitional analysis)，行动控制论所强调的是如何在目标确立之后，排除各种竞争意向的干扰，保护该目标直到完成。动机只能导致个人的决策，即所要完成的目标，至于要确保目标的完成，就有赖行动控制的保护。行动取向的认知才能使当事者将竞争的行动倾向抛在一边并集中注意在现在的意向上。

行动控制论认为自我调控学习是一种内化学习与作业管理策略的能力，个人的意志历程，包括动机、集中意志与情感等，是学习成就的内在要素，有意志的学习者能面对环境中的各种导致分心的因素，并且能克服各种学习上的困难，有意志的学习者同时也具有后设认知、后设动机(meta-motivation)与后设情感(meta-affection)的历程，以保护与控制各种心理状态，使学习具有效益。意志论者即是注重学习的"意志力量"(will power)与意愿强度，意志控制可以促使行动能达成目标。同时意志也是一种行动控制的历程，具自我调控能力者必须有能力去维持与促动有意向的行动，有意志方能投入学习之中，并且保护个人对学习的承诺，集中心志，且避免分心。

Kuhl(1985)认为，个体的意志控制与策略是相互关联的，意志策略则是可以训练的，意志的发展与其社会化历程密切关联。因此，意志策略训练必须有情境与其他认知策略的相配合。

整体而言，意志分析论系由意志建构与意志策略的角度分析自我调控学习的内涵，此一理论强调意志和学习的关系，注重个人对内外在环境的控制，同时也认为意志策略是可训练的，在自我调控学习相关理论中，颇自成一格。

5. 现象学

现象学派(phenomeno logical)的观点认为，个人对于自我与外在事件的知觉认知情绪等是一种自我现象，会影响个人对于信息的处理和解释，甚至影响个人所要采取的行动。自我调控学习是个体自我系统结构与自我系统历程之下的产物。自我调控的发展必须视其自我系统的发展而定。在我自我调控的历程上，认知结构、后设认知结构、自我系统结构、自我系统历程四者是相互影响的。

现象学观点的自我调控学习理论把自我视为基本的现象，自我是行为的核心。现象学基本上是关切个人主观的经验，以自我为中心的体系结构，如自我概念、自我印象、自我价值等都与学习成就密切相关，亦即自我在整个学习历程中扮演着重要的角色，自我体系结构(self-system structures)是个人的自我与社会及物理环境主要作用的结果。依照自我体系的观点来看，自我调控学习就是个人在学习情境中对于导引与控制他们认知、情感、动机与行为的信念与知觉。

自我系统结构组成个人的信念，以及各种自我历程，自我结构代表自我归因的个人或自我界定的概念，自我归因的组成可以是整体性的，也可以是特殊领域的概念。自我是一套多重的、层级的、有组织的认知结构或基模，自我受到发展、种族、性别的影响，自我进而影响了信息注意力、组织与分类，以及对他人及事件的回忆与判断。

程炳林(1995)综合自我调控学习理论，提出一个包含情意反应、目标设定、行动控制、学习策略、和学习表现五个成分的自我调控学习模式。此模式指出学习者在进行某项学习工作之后，对于学习的表现产生情意反应，此种情意反应会影响下一次遭遇类似作业时的目标设定、学习策略的使用、和学习表现。目标设定在自我调控学习历程中扮演重要地位；一旦目标已经设定，自我调控学习者会采取有效的行动控制来确保该目标的完成，并使用学习策略来提高学习表现。所以目标设定会直接影响行动控制和学习策略。虽然行动控制的目的是在保护设定的目标，但是由于行动控制会使学习者更能专注于学习工作上，因此也会使学习者更能有效地运用学习策略，学习表现也会更好。所以行动控制将直接影响学习策略与学习表现。最后，由于学习策略的使用因而提高学习表现，所以学习策略将直接影响学习的表现。

三、自我调控学习之相关实证研究

将以下参考的中外与本研究主题相关的研究文献(王政彦，2000；吕祝义，1998；陈品华，2000；程炳林，1995；刘佩云，1999；魏丽敏，1993、1996、1997)摘要整理成表 2-2-3 及表 2-2-4，分述如下。

(1) 外国学者研究部分。

表 2-2-3　外国学者研究有关自我调控学习研究文献摘要表

年份	研究者	研究对象	研究发现
1987	Pintrich	大学生 (164 位)	探讨学习动机、学习策略与学业成就的关系学习策略与学业成就呈正相关。
1988 1990	Zimmerman 和 Martinez-Pons	青少年	学生使用自我调控学习策略与动机之间有正相关；数学与语文成就与自我调控学习策略亦有高度相关。自我调控学习能预测其学业成就，并高达 93%的解释变异量，其中女生比男生有较多监控与环境建构能力。
1990	Terlouw 和 Pilot	中、高等学校学生	以教导策略性解决问题，提升中、高等学校学生自我调控学习策略，提高学习成效。

续表

年份	研究者	研究对象	研究发现
1990	Pokay 和 Blun1e Afeld	高中生	探讨动机和策略的使用在学期初及学期末对学习成就的影响，结果发现，在学期初，期望、价值预测策略、特定策略的使用及努力会影响学业成绩；而在学期末，价值预测策略的使用、自我概念和后设认知策略的使用会影响学业成绩，而善于时间管理的学生成功的可能性会提升。
1990	de Jong	中学生	运用自我调控学习训练，可增进中学生语文成就及数学作业的正确性，说明自我调控学习的训练有助于学习者自我调控学习能力的提升。
1990	Pintrich 和 DeGroot	中学生	动机成分与自我调控学习策略二者具有相关，并且均与学业表现有所关联。
1990	Zimmerman 和 Mariinez-pons	大二学生 (80 位)	不论在教室内情境或教室外情境，高学业成就学生在自我评估、目标设定及计划、环境经营、寻求协助等策略上皆显著高于低学业成就的学生。
1992	Lindner 和 Harris	大专生	女学生在自我调控学习的各个向度上均优于男学生，另外，虽然自我调控学习能力在年级上并没有显著差异，但有随着年级递增的情形。
1993	Lindner 和 Harris	大学生	自我调控学习及自我效能是影响大学生学业成就的主因。自我调控学习可提升大学生的学习成就。并发展出一份通用于大学生的自我调控学习问卷，包含后设认知、学习策略、动机、情境感受、环境控制与知识信念等六个分量表。
1993	Pintrich 等	大专生	研究者依据自我调控学习的内涵，编制了一份通用于大专生的学习动机策略问卷，发现可用来预测学生的学业表现。
1996	Lan	研究生 (72 位)	研究生在学科测验成绩表现，自我检校组优于教师检校组及未检校组，并使用较多的自我调控学习策略。而自我检校(self-monitoring)可增进学习能力，并激发研究生学业表现的潜能。
1996	Lindner 等	大学生及研究生	自我调控学习与完成学位有显著相关，而研究生的自我调控学习能力优于大学生。
1996	Stoynoff	大学生 (27 位)	无论学业成绩较优或较差之大学生皆曾使用过很多的自我调控学习策略，但成绩较差者较少使用。而社会协助则对正在大学就读的国际学生的学业成就有帮助。
1997	Everson 等	大学生 (120 位)	后设认知技能及学习策略与学业成就有显著正相关。

续表

年份	研究者	研究对象	研究发现
1997	Schultz	高中生 (480 位)	重视教育目标的高中生有助于完成更多的教育次目标。愈重视教育目标愈能运用较多的有效学习及动机策略并且有助于学业成就的提升。
1998	Cheung 和 Kwok	香港大专生	自我调控学习策略的使用与学生学业成绩(GPA)之间具有显著正相关。
1998	Trawick	成人学生	成人学生使用多种的自我调控学习策略,且具有正向的归因形态。自我调控学习与学业成就期望及归因形态之间具有显著的正相关。
1998	Morris, Gredler 和 Schwartz	成人 (72 位)	信息处理能力、经验、工作层次、外在调控学习策略及学习策略等变项,可解释33%变异量的成就表现。自我调控学习训练可运用在企业的情境,并可教导自我调控学习策略给职场员工。

(2) 两岸四地学者研究部分。

表 2-2-4 两岸四地学者研究有关自我调控学习研究文献摘要表

年份	研究者	研究对象	研究发现
1993	毛国楠 程炳林	大学生	不同目标导向型组的学生在自我调控学习的各变项(包含学习策略、兴趣、目标再设定、成功的归因及失败的难度归因)中的表现有差异。
1995	程炳林	初中生	自我调控学习策略可提高学生阅读理解表现及自我调控学习能力,且在实验结果七周后仍能维持效果。
1995	林清山 程炳林	初中生	阅读动机、目标设定、行动控制与阅读策略之间有密切关系,而且以上四种自我调控学习变项可预测学生的阅读表现。情意反应会影响目标的设定、学习策略与学习表现,而目标设定会通过策略的使用影响学习表现,也会直接影响行动控制,至于行动控制则会使学生专心使用学习策略,进而使学习表现更好。并建立以初中生为对象的自我调控学习模式。
1998	吕祝义	国民中学辅导人员	国民中学辅导人员自我调控模式的观察指针能有效测出辅导人员角色效能及其影响因素。

年份	研究者	研究对象	研究发现
1999	刘佩云	小学生	小学生的自我效能与自设目标，对学习工作的表现具有相当的预测作用。小学六年级儿童在行动控制策略应用上，最常应用的是他人控制策略及情境控制策略，最少使用认知控制策略。自我效能高者会设定较高的目标，目标承诺强，较常应用行动控制策略，其在数学四则运算上的表现较佳，由回馈而得之情感反应较正向。
2000	陈品华	二专生	二专生的自我调整学习策略，主要包括认知策略与意志控制策略二类，且此二类策略密切关联。二专生的个人变项会影响其自我调整学习。二专生的自我调整学习会影响其学业表现。自我调整学习策略教学可融入二专学科课程之中。学习回馈为融入式自我调整学习策略教学的之重要关键，应同时兼顾学习结果及学习历程的回馈。融入式自我调整学习策略教学可增进二专生自我调整学习策略的使用，并提升其学业表现。
2003	林重岑	台湾中部地区(苗彰中市县)高中职	建构高中职学生自我调节与学业成就的线性结构关系模型，利用 LISREL 统计方法验证理论模型内各变项彼此间的因果关系。
2006	王先亮	东南大学理、文、工科学生	大学学生在学习自主上，分自主学习、学习动机、学习设置和自我调节等四方面，在四个年级及文、理、工科之学生探讨显著差异情形。在自主学习上女生高于男生，文、理科高于工科，四年级高于二、三年级。
2007	林秉贤	触法的少年24名	针对非行少年以自我调节概念作为具体指标，探讨体验式之团体过程，处遇成果中，少年所呈现的自我调节变化以及体验处遇的关联性。
2008	王雨露	四川师范及西南交通大学学生	以四川师范大学及西南交通大学一到四年级、文理科学生为施测对象，在自我调节层面女生高于男生，一年级学生高于其他级学生。
2008	洪家佑	小学四、五年级学生(135位)	由学童游戏历程中之自我调节各构面，对心流状态各构面之不同因果影响。

续表

年份	研究者	研究对象	研究发现
2009	赵霞	七所高校的在校大学生(1300名)	对大学生的学业拖延进行认识论信念、自我调节学习与学业拖延的关系。约有近一半的大学生存在学业拖延,一成以上存在严重拖延。大学生的学业拖延存在年级的差异,大三学生显著高于大一、大四学生;大学生自我调节学习存在年级差异,大四学生的自我调节学习能力显著高于大二、大三学生。
2009	刘彩霞	大众	以问卷调查、集体访谈、个别访谈之方式、探讨网络多媒体外语学习。得知结论:网络多媒体环境下自我调节外语学习中的元认知、学习动机、学习行为之间存在三者交互的关系。

综合以上搜集中外学者在自我调控所研究的相关论文,共计31篇;外国部分于1987年至1998年共搜集18篇,研究对象大部分以高中生及大学生为主要对象;两岸四地部分于1993年至2009年共搜集13篇,研究对象大致上以中学以上为主要对象;中外相关论文的研究结果,所探讨的自我调控与学习动机、学习策略、学习成就、自我效能、目标设定及环境经营等变项都呈现正相关的结果。高自我调控学习,则产生高度的结果;反之则有相反的结果。

第三节　网络学习理论及相关实证

由于网络的兴起,使得许多教育学者开始将学习的标的——利用网络的便利与特性,将教育内容传送至学习者面前,改变了教师、教室、学生的传统学习方式,由此,也就成了新的学习模式;知识快速的缩减,传统的学习方式已不济使用,所以新的学习方式因科技的发展而生,网络学习的发展趋势,对于未来的教者及学者之间的发展,带给学习者实时互动与学习社群的情境,网络教学将扮演着十分重要的地位,也将成为最佳终生学习方式之一。

一、网络学习的理论

1. 网络学习的定义

中外学者及专家各有不同的定义,且对其定名也有不同的争议,但赖志群(2005)对数字学习(e-Learning)的定义与本研究非常契合,乃指"运用网络促成的学习,包含学习内容的制作、传递、撷取、学习经验的管理、学习社群间的交流等与传统学习方式的最大不同在于网络学习将所有与学习有关的活动,如教师的教材制作、传递、学习者上课、讨论、上图书馆查询数据、注册、缴费等个人学习历程，通过 Internet(也称国际互联网)、Web-Service、数据库(database)等信息技术。"中外的学者及专家对网络学习的定义不尽相同，本研究整理相关研究资料，如表 2-3-1 所述。

表 2-3-1　网络学习定义汇总

年份	研究者	网络学习定义
1998	Hughes & Hewson	大部分的虚拟教室都以标准的网络通讯工具来实行，如 E-mail、Web 对谈等等。这些工具可以利于交换讯息、图片等，通过适当的支持，进行教学活动。
2002	Kaplan	数字化学习"包含了广泛的流程和应用，例如网络学习、计算机学习、虚拟教室、以及数字合作等。其传递课程内容的媒介包含因特网、区域/外部网络有声/影片卫星传播，互动电视和光盘等"。
1998	施能木	因特网(Internet)特别是全球信息网(WWW)已成为人们寻求知识的重要部分。全球信息网也正逐渐普遍应用于教学上。教师可以将教学活动延伸至教室之外，甚至学校之外，通过因特网，利用 WWW、E-mail、BBS 以及教学平台等工具进行教学活动，去传达知识，达到学习目的。
2000	洪明洲	归纳出网络技术所包含的教学属性包括：异步、多方向、个别化、以及自动记录等功能。这些良好的功能已为传统教学带来了便利性、主动性、互动性、合作性、多样化及开放性的特色。
2003	陈年兴	网络教学具有下列几项特色：个别化的学习环境、自我导向式学习，通过同侪互动达成合作式学习目标，利用团队的方式增进学习，能减少来自同侪的压谣教育典范的转移。
2004	岳修平	数字学习强调以电子化的方式，利用各种视频多媒体与网络技术，使学习者能够随时随地进行学习。理想的数字学习情境中，教师不再是教学活动的中心，反之，在网络化的环境中，学习者能够自行制定个人的学习进度，选择学习的方式，与网络上的多媒体教材等数字学习资源进行互动，从而满足自己的学习需求。
2007	张纯瑗	一种使用因特网为基础的教学与学习环境，是老师和学生共同建构的学习环境，是运用科技进行学习的教学模式，也是一种学生可以独立作业的信息平台。

2. 网络学习的理论基础

在刘峻哲(2004)与陈彦青(2007)数字学习理论中得知，对网络学习相关之理论归纳为哲学基础、心理学基础、社会学基础、教育学基础等四类，本研究对于网络学习的理论也以其四类为基础，现分述如下。

1)　哲学基础

网络学习有多元化与无限发展等特色。以哲学观点静思，网络学习是以人为中心，计算机、网络等乃辅助学习工具，唯有学习者主动学习才能有好的学习成效。

(1)　感官唯实论。J. L. Vives 及 Comenius 等人的感官唯实论(Sense Realism)重视感官经验，认为人的感觉活动是知识形成的途径，知识来自于感官经验，"眼见为凭"的网络虚拟实境学习活动可协助学习建知识。

(2)　建构主义。知识是个人主观的建构，只反映个人经验的现实，并存在于每一个人的脑中，也只有对个人自己才有意义是建构主义的原理，强调学习的主观性与自主性及建构以学习者为中心的开放、探索性学习环境。

(3)　经验主义。经验主义者相信，经验是唯一的知识来源，提倡以归纳和现实为基础的知识。认为真正的教育来自于学习者自身的经验，特别是学习者主动参与的经验，依照学习者的兴趣与时间作自我导向、调控式学习，网络学习，可由学习者依照自己的需求与能力决定学习内容、方式、与速度。

(4)　实用主义。实用主义认为知识的构成须通过感官形成经验，将经验加以改造而形成知识，学习者需通过实做、实地体验观察来习得知识，以实务体察进行做中学。

2)　心理学基础

网络是个虚拟的社会，学习者具有不同的特质与学习行为，每个人的学习历程、行为模式也不相同，许多网络学习研究者试图将心理学理论运用在网络环境中加以验证并期促进学习。

(1)　行为学派。认为学习是环境、刺激、个体反应所连结，重复练习并增加不同感官的刺激，使学习者通过网络学习新事务。行为学派认为网络学习教材的设计需要遵循编序概念，由简单到复杂概念，避免跳跃学习，另外可提供错误概念的补救教学，设计精熟策略提供学习者重复练习，以多媒体方式呈现丰富教学内容。

(2)　认知学派。认知学派认为学习者有主动寻求意义的倾向，强调内在历程、程序记忆的形成与修正，重视学习者有意义的学习。分析教材、学生差异，提供个别化的教学方案。Reigeluth (1983)提出，学习者可利用网络相连的特性，进行广泛性的数据收集，使学习主题具体及做更深入的研究与探索。通过主动地澄清概念的意义及概念间的关系，建构自己的概念系统进行有意义的学习。

(3)　建构主义。学习者藉由不断的调适与同化而获得知识。网络学习的学习情境是师生分离，因此特别需要仰赖学习者自主地参与学习活动、建立学习目标，评估情境选择适当的学习策略作自我导引，建立"有利于建构知识的环境"，提供个体以个别化的步调来主动学习，以建构出自我的知识体，避免迷失与认知负荷。

(4) 社会学习论。Bandura 所提出的社会学习论，认为学习通过注意、保留、产出、动机的历程观察及楷模的行为影响、学习者与模仿而来。网络尺度远比实际生活开放，网络环境经由同侪参与互动学习，渐渐发展出属于这个网络环境的次文化，个体在网络上通过观察他人的行为表现进行观察学习。

3) 社会学基础

教材、教学者、学习者与网络环境在虚拟世界中构筑整个学习社会体，不同于传统社会学所认定实体的社会，打破所有实体世界规则与特性，每个学习者都是地位平等且独立的个体，真实世界的学习文化、行为、互动、现象在网络上不尽然适用，新的社会学理论从计算机科技的本质、网络的虚拟与真实、社群的概念着手建构新的网络学习典范。

(1) 科技本质。网络环境似乎印证了 F.von Cube 提出的教育学的概念，整个教育过程都数字化，教学内容都以计算机公式来处理，建立一个软件包(杨深坑，2002)。但过度的依赖科技产物，可能使学习被工具化，扭曲了信息科技辅助学习的功能，或易客为主忽略网络学习的弹性，这些都值得思考。

(2) 网络的虚拟与真实。网络环境提供了虚拟实境与匿名无限制的环境，具有自我肯定、匿名陪扮、社会学习及逃避归属的特性(苏芬媛，1996)，让使用者在现实社会之外找到另一个表达空间；其中可经网络匿名的功能，在网络上重新创造一个在现实生活中达不到，却是个人所欲达成的人格角色，同时可满足自己的好奇心。通过与网友的互动，进而寻求个人的自我肯定。在与网友互动的过程中，便相当容易习得各种社会阶级的生活态度、生活观、意识形态等，故学习的功能便无形的在互动过程中影响了每位使用者，学习的功能俨然形成。

(3) 网络社群。在计算机网络环境中可建立许多的学习社群，学习者亦可参与许多的学习社群(邱贵发，1998)。使学习者之间互动更频繁，在学习社群中所学习到的内容将会比传统的上课内容更多元。

4) 教育学基础

网络学习与传统学习方式从师生距离、互动模式、到教材提供、学习历程、学习成效、评鉴，都有根本上的不同，但都以知识的创造为目标。科技的进步，促使教学环境与策略的提升，相关理论包括自我导向学习、情境学习、合作学习。

(1) 自我导向学习。自我导向学习是由 Tough(1966)首先提出，强调学习者个人主动地引发学习，诊断自己的学习需求，形成学习目标、寻求学习 资源，制定学习策略，评鉴学习结果并为自己的学习负责之能力。网络学习者与教师分属不同时空，若学习者缺乏主动、自我导向与调控能力，则容易产生孤立及怠惰，又网络信息多且杂，若属于无定向式的网络学习方式则容易产生网络迷失现象。Hill 和 Hannafin (1997)认为全球信息网为基础的网络教学主流环境中，重视的是

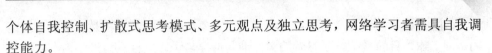

个体自我控制、扩散式思考模式、多元观点及独立思考，网络学习者需具自我调控能力。

(2) 情景模拟学习。模拟是将某些实际生活的情境或过程予以简化或抽象化。然而模拟的学习途径与传统方法基本上最不同之一点在于强调"经验"。应用仿真技巧作为职能训练、知识创新或学校教学，在企业界及教育业其实都相当普遍，教育专家视其为学习复杂技巧的有效方法。因此，能适度地了解及使用情境仿真和游戏规则，对学习经验的取得与发展会有很大的帮助。

(3) 合作学习。合作学习的目的是通过教学结构的设计，鼓励学习者藉由分工合作共同完成学习目标，让学习者在合作学习过程中，能以合作的技巧与社会的互动、合作学习的观念，借以增进学习成效。

3. 网络学习的要件

21世纪的教学模式，受因特网的影响，产生了新的学习方式，其新的学习方式，是运用科技的方法而生，以网络教学渐渐取代原有的传统函授或电视教育的学习。未来网络教学将扮演着十分重要的地位，也将成为知识经济时代的最佳终身学习方式之一。网络学习更是提供具有声光、多媒体功能的个别化的学习需求，带给学习者有实时互动与学习社群的情景，通过教学网站进行教材传输及学习活动的进行。因此，网络教学环境与网络教学设计模式扮演着关键角色。

1) 网络教学环境

传统教学环境较为刻板，网络教学则改变了这刻板印象，网络平台取代教室角色，成为学习新场域，结合多媒体，借助计算机通过网络来进行教学活动。洪明洲(1999)认为它主要由三个部分构成：

① 网络环境：进行学习，传送数字信号的实体线路与环境。

② 教学者环境：接收、处理传送信息，提供教材开发、储存的软硬件环境。

③ 学习者环境：学习者对网络所需的软硬件环境。

2) 网络教学设计模式

网络课程与传统课程不同之处，在于教学设计及传播方式。对于远距学习教材需要做有系统的规划与设计，依据学习者的需求，将学习目标、课程内容的性质等以有效的声光俱全的多媒体形式进行传播呈现，使学习者能真正了解到学习的内涵。

梁峻哲(2004)对 Dick 和 Carey 在 1996 年提出教学系统设计模式，有以下的见解：

(1) 评估需求：确定目标的需求评估，有内部的需求评估、外部的需求评估及问题性分析等三部分。

(2) 进行设计分析：通过需求分析找出目标，接着进行设计分析的工作。

(3) 分析学习者与学习环境：分析教学对象或称学习者分析是教学设计前期的一项工作，目的是了解学习者的学习准备情况与学习风格，为教学内容的选择与组织、教学目标编写、教学活动的设计、教学方法与媒体的选择与运用等提供依据。

(4) 撰写教学目标：此阶段主要供作为将需求及目标转换表现目标，以非常明确及详细地显示达到目标进展。学习目标主要描述学习者通过学习以后产生的行为变化，而不是教师的教学计划。

(5) 发展评鉴工具：评鉴有两个用途；一为课程内诊断安置称之为诊断测验，目的在于确定学习者拥有学习新技能的必要先备条件；二为检核学生的学习结果，分为形成性评鉴及总结性评鉴。

(6) 发展教学策略：教学策略指协助学习者在每个表现目标上致力于学习计划，也就是说教学的目的在于提供教学事件，它包含唤起注意、告诉学习者目标、呈现刺激材料及提供回馈等历程。教学策略也需注意到传递媒体的选择，不同的媒体提供相同的教学事件，选择合适的教师如能依据教学内容选择适当的教学媒体，则可使课程内容到良好的传递效果，进而提升教学质量。

(7) 发展并选择教学教材：教材是指用来传递教学事件的印刷品或其他媒体。在许多传统的教学系统中，教师并未自己设计教材，而只是接受适合其计划的教材，包括购买或取得现有资源。相反地，教学系统设计强调教材的选择或发展是设计工作中最重要的部分，且需与需求、目标、学习者特质、传递系统的媒体特性等相互结合。

(8) 设计并进行形成性评量：形成性评量是提供判断教学计划各部分之成败，进而修正或增进教材所需的数据，以确保更好的教学效果。

(9) 设计并进行总结式评量：总结性评量的目的在检视整个教学系统的效能。评鉴者或小组主要搜集教学系统是否有效、可行、具重要成果、且其成果有复制可能的证据，以决定该系统是否适合广泛推广。

二、网络自我调控学习相关文献探讨

综合中外学者专家，就有关成人网络自我调控学习素养之文献，分析如下：

以不同社会人口变项的成人，其在自我调控学习素养上表现的分析，是采用适应个别差异教学技能的重要基础。诸如，性别、年龄、婚姻、职业、籍贯、种族、教育程度与社经地位等，都是常用的社会人口变项，但类此不同社会人口变项成人自我调控学习素养的微观分析，仍有待增加。Zimmerman 与 Kitsantas (1997)对于性别与自我调控学习感兴趣，选取了 90 位九、十年级的女学生作检视。他们发现女学生对于射飞镖结果的自我反应，以及对于射飞镖技能的自我知觉，与渠等对于游戏的内在兴趣具有高度的相关。此发现的意义再次显示，兴趣是自我调控学习的一项重要心理条件，同时两性之间对于自我调控学习的运用，可能具有潜在的差异。不过，该研究不足之处是并未选取男学生作为比较，因此两性之间的潜在差异仍未获得清楚的解释。Patrick、Ryan 与 Pintrich(1999)的研究则有所不同，直接检视了男女两性在自我调控学习上的差异。他们调查了 445 位七、九年级的学生，发现男生比较倾向于外在社交的取向，女生则倾向于目标定向及自我效能上，并使用较多的认知策略。如果再参照 Zimmerman 与 Kitsantas(1997)的研究，也发现女生的自我效能与内在兴趣的关系较为密切。可见两个研究的发现具有类似之处。

近来中外学者仍以传统学生为对象，来研究自我调控学习，但其类似的重点之一，便是分析具有不同个人变项的学习者，渠等在自我调控学习方面是否有差异。如 Pekrun、Goetz 与 Titz(2002)以课业情绪这一心理变项对自我调控学习成就的影响。Ruban 等(2003)以生理条件的差异来比较自我调控学习者的学业成就是否有差异。Ee、 Moore 与 Atputhasamy(2003)以学业成就的高低，作为分析自我调控学习策略的变项。Perry、 Nordby 与 VandeKamp(2003)则探讨一年级小学生在家里及学校，因学习场所的不同，其在自我调控阅读的成绩上是否有差异。在台湾方面，魏丽敏与黄德祥(2001)以不同年级的学生作自我调控学习成就的比较，将年级当作一个社会人口变项。林建平(2002)以 IQ 高者作为背景变项，分析资优生之自我调整学习的情况。类此课业情绪、生理条件、学业成就、学习场所、不同年级及 IQ 等，都是属于学习者不同的个人变项，包括心理(课业情绪、IQ)及社会人口(生理条件、学业成就、学习场所、不同年级)变项。不过，渠等研究对象都是传统的学生，仍缺乏以成人为对象。近年来，研究者指导研究生以成人自我调控学习为主题进行相关议题的分析，也率多发现社会人口变项不同，其自我调控学习的表现有差异，如以空大学生为对象的李嵩义(2002)、以寿险业内勤人员为对象的杨洁欣(2004)、以中小学教师为对象的刘财坤(2005)。类此不同成人对象的自我调控学习的差异比较与分析，仍需持续做更微观的探究。

在自我调控学习中，成人英语学习的应用也值得深究，从自我调控学习素养的不同层面，部分研究及文献发现了与英文或其他语文学习的密切关系。如 Chang(2007)以自我检校(self-monitoring)为主题，研究了网络学习者的学习成效，发现不论英语的流利性如何，自我检校策略对于提高学习成就及动机有显著的正面影响，尤其是对低英语学习成就的学习者更是明显。即使以传统学生为对象，Law、 Chan 与 Sachs (2008) 的问卷调查研究了 11 及 12 岁学童对文章理解力的学习信念与自我调控策略。也发现高学习成就者在信念、策略及理解等方面能力优于低成就者。因此，建议运用后设认知信念与策略来探讨儿童的英文文章阅读。传统学生与成人学生的比较研究也发现自我调控学习的正面影响。翁幸瑜(2007)以学习德语的传统学龄学生与在职进修的成人学生为对象，通过准实验法进行比较研究，发现自我调控学习能力对于提升德语学习成效具有显著影响。年龄越大者学习的自我激励能力越高；成人学习德语动机多元，外在动机高于内在动机。传统学生则是内在动机比成人高。此内外动机的差异，除反映了成人学习者即学即用的学习特性外，对于教师个别化教学，也提供了因应的参考方向。而动机与自我调控学习的正向关系，以国中教师为对象的研究也获得支持。即以成就动机为例，叶琬琪(2005)研究了其成就动机与自我调控学习的关系。结果发现：年龄及资历中等、高学历及高成就动机的级任国中英语教师，整体的自我调控学习素养较佳。显示成人自我调控学习与对自己的正向认知，或自我效能(self-efficacy)的正相关。因此，在研究者所编写的成人自我调控学习素养评量工具上，六个分层面中包括学习的自我概念，特别是正向及积极的自我概念也是自我调控学习的重要条件。

成人英语自我学习也是大陆的热门议题。与台湾相比较，在大陆的相关研究与文献也有类似的结果与发现。王春梅(2008)以大学英语专业二年级的 85 位学生为对象，以 Zimmerman 的理论为基础，将自我调控学习分成三阶段，九类别进行了问卷调查。统计分析后发现，自我调控学习能力与英语写作能力呈显著正相关，达到 43.9%的变异量预测，高于整体英语学习的 24.3%，显见自我调控学习能力与英语写作能力关系尤其密切。成人学习特性也是论者所切入的变项。乔龙宝(2008)强调了解成人学习特性对于英语学习成效的重要性，如能针对学习特性，采取适应个别差异的策略，加上合作学习的运用，有助于提升英语学习效果。黄春(2009)对成人英语口语教学的研究指出，也分析成人学生学习风格(learning style)特点，有助于教师因材施教，也有利于学生了解自己的学习特质，发挥所长，提高英语口语学习成效。除成人学习特性外，学习动机也是受到重视的关键变项之一。田雨(2009)在探究成人高等教育学生的英语学习动机时，分别从教材选择、教学方法、教师心理、教学手段以及学习活动及其结果的回馈与评价等五方面来分析。谭华静(2008)认为成人学习特性是培养及激发成人学习英语兴趣与动机的关键所在。

自主学习也是成人自我调控学习素养的核心。司洋(2008)指出，在英语学习过程中缺乏自主学习能力是大陆学生学习英语的主要问题。问卷实证调查的结果发现，大多数学习对自主学习表现出较高的兴趣，但缺乏必要的措施及策略，以引导和提高自主能力。因此，结合学生个体差异及策略训练，有助于培养自主学习能力。曾奇与王琼(2006)认为自主学习要具备三种条件：①成熟的心理发展程度。②具有内在学习动机。③运用学习策略。由于成人的学习障碍较多，容易干扰自主学习。因此在成人英语学习上，应强化自主学习英语的目的，培养自主学习的策略和方法，提高自学过程中的自我管理、自我评估及调节能力。王艳春(2008)从学习内容及模式，实行研究的准实验设计，有效地提高了成人学生的自主学习能力，进而帮助渠等英语的学习。刘百宁(2006)对成人学习者的问卷调查发现，成人英语教育应培养学习者的自主学习能力为目标，从自主意识到学习动机与目标，以至策略训练来培养自主学习能力。刘乃美(2006)针对长期以来在英语学习中、在听说能力不足等教学弊端，采用 Rogers 以学生中心的概念，认为激发英语学习兴趣，培养自主学习能力，有助于英语听力的学习。朱敏虹(2006)建议加强成人英语自主学习能力，有助于提高其学习英语的应用能力与交际能力。刘傲冬(2005)认为自主学习对于成人语言学习与教学是一新的议题，培养成人语言学习者自主学习能力有其迫切性。而成人自主学习的应用，可与合作学习搭配。李树亮(2008)指出，成人学习英语可能遭遇年龄、时间、基础知识、教材等方面的问题，建议可采用自主学习与合作学习并用的教学策略。李雪梅(2006)认为在成人英语教学中贯彻自主性与合作精神，能充分发挥成人英语学习的优势，切合培养专业智能，具备独立性与合作精神的多重目标。

在远程教育环境下，成人主要是通过自我学习来进行，其自我学习素养的优劣，将直接影响到学习成效。唐美玲(2009)以网络为学习情境，认为培养成人自主学习能力极为重要，建议教师从激发英语学习动机、加强认知策略培训以及鼓励学生写反思性学习日志方面来培养。周仕宝(2002)指出，个别化教学是内地成人远程教育的必然趋势，尤其在现代科学技术的支持下，成人英语教学必定走个别化教学之途。田艳红(2008)认为根据成人学习特点与自主学习策略的结合，有助于英语学习，例如英语原版的电影及视听教学媒体，便是良好的教材。罗卫华(2008)以大连广播电视大学 182 位成人学生的英语学习策略进行问卷调查，发现成人学习策略的不同，影响了英语学习的成效。彭圆(2007)以网络为学习情境，从学习策略、教学活动及学习基础能力等，分析如何培养成人英语自主学习能力，并指出教师角色的调整，是其中一项关键因素。刘永权(2007)认为网络与课堂的英语学习情境不同，分别从学习动机、学习需求、学习特点进行成人网络英语学习策略的实证研究，特别指出形成性评量对英语学习具有重要的影响。王爱霞(2008)认为网络学习是以学习者为中心，学生必须具备自主学习能力，因此以成人英语学习为主题，进行网络英语自主学习能力的实证调查。王国昌(2004)倡议运用网络丰富的英语语言资源进行英语阅读教学，有助于提高成人英语学习的自主性，使学习过程具有较强的交际意义，网上教学可有真实的英语语言材料，可以增进成人自主学习能力。

综合以上的文献得知，两岸四地的成人在网络学习的多元化环境中，藉由网络的科技及功能，作为个人自我多元的学习，愈受学习者的肯定及喜爱，不管其学习者学习的策略及学习动机如何，网络教学在继续教育的驱使之下，已有其良好的成果；教学机构及教师在运用网络办学及教学上，应精心策划教学的内容设计及教学支持，能有利于使用网络学习的学习者受惠，可以提升其学习的成效。

第三章 研究设计与实施

本研究根据研究目的及研究问题，建构研究设计，其内容包括：研究架构、研究假设、研究方法、研究对象、研究工具、研究步骤及数据处理等七节，现分述如下。

第一节 研 究 架 构

本研究综合研究目的及研究问题，提出本研究的架构图，藉由了解各变项间的关系及内涵。本研究的研究架构如图 3-1 所示。

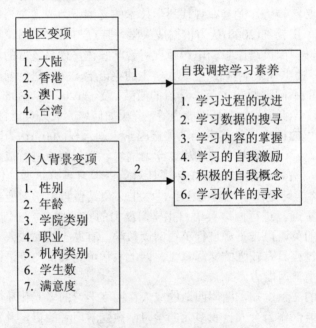

图 3-1 本研究的研究架构图

路径 1：以两岸四地的地区变项的网络自我调控学习素养上，实施比较。

路径 2：以两岸四地不同变项的成人的网络自我调控学习素养上，各层面及整体的比较。

第二节　研　究　假　设

假设一：两岸四地不同背景变项的各地成人在网络自我调控学习素养上，有显著差异。

1-1：两岸四地不同性别各地成人在网络学习的自我调控学习素养上有显著差异。

1-2：两岸四地不同年龄各地成人在网络学习的自我调控学习素养上有显著差异。

1-3：两岸四地不同学院类别的各地成人在网络学习的自我调控学习素养上有显著差异。

1-4：两岸四地不同职业的各地成人在网络学习的自我调控学习素养上有显著差异。

1-5：两岸四地不同机构类别的各地成人在网络学习的自我调控学习素养上有显著差异。

1-6：两岸四地不同学生数各地成人在网络学习的自我调控学习素养上有显著差异。

1-7：两岸四地不同满意度各地成人在网络学习的自我调控学习素养有显著差异。

假设二：两岸四地不同背景变项的全体成人在网络自我调控学习素养上，有显著差异。

假设三：两岸四地不同地区的成人在网络自我调控学习素养上，有显著差异。

第三节　研　究　方　法

本研究拟对目前两岸四地成人网络自我调控学习素养进行比较其差异，并探究相关问题，并考验各项研究假设，故以问卷调查法及分区访谈法为主要研究方法。

一、问卷调查法

以"自我调控学习素养"的问卷，对两岸四地成人藉由网络学习者的学习情况进行问卷调查研究，以了解其在自我调控学习素养上的现况及差异情形，并进行分析与比较。为能考验及支持各项研究假设，故采用问卷调查法，并用统计分析进行研究，因此所采用的研究法乃是以大样本的问卷调查法，以立意取样，抽取在两岸四地目前正在使用网络自我调控学习素养的成人为调查对象，进行大样本的问卷调查，通过严谨的研究控制，深入探讨自变项和依变项之间的各层关系，进行统计量化分析。大样本的问卷调查法乃是常用的研究方法，也是符合本研究目的有效方法。针对本研究的问卷之发放及回收，在大陆、香港及澳门地区由澳门科技大学负责，台湾地区由高雄师范大学负责。

二、分区访谈法

本研究除了以问卷调查法搜集样本数据外，同时以小样本的半结构访谈法及团体焦点座谈等方式，以佐证实证资料，通过访谈法搜集质性研究的资料，其目的是为了要探索外显现象背后之意义和脉络情境，以补充和强化量化资料结果的深度，本研究采用半结构式访谈法的方式及对访谈大纲的设计，是依据自我调控学习等六个范畴加以编制，将质性访谈的重点纪录加以分析，以了解受访对象的真实现况，并通过成人在网络学习中的经验分享，与问卷调查的研究结果加以整体综合分析，以强化本研究的信效度。

第四节 研 究 对 象

为顾及研究样本之代表性及考虑到母群的特性，分为问卷调查对象及访谈对象部分，加以分别说明。

一、问卷调查部分

由于两岸四地成人网络自我调控学习素养的成人之间存在的歧义性质，如背景变项：性别、职业、学习机构等的种种差异，因机构的属性、开设课程类型、参与者的学习目的与学习方式也各不尽相同，本研究所考虑是以能为广泛的搜集，则以 2008 学年度在两岸四地区以网络学习为主要学习形态的成人学习者为对象。所以以 2008 学年度为时间点，以开展网络高等学历教育招生的试点高校名单为对象，如表 3-1 所示。

表 3-1　2008 年大陆各省网络高等学历教育招生的试点高校名单

区域	省、自治区、直辖市	(远程+网络)试点学校	备注
华北	北京市	清华大学、北京大学、中国人民大学、北京师范大学、北京邮电大学、北京交通大学、中国农业大学、北京理工大学、北京航空航天大学、对外经济贸易大学、中国传媒大学、北京外国语大学、北京语言大学、北京中医药大学、北京科技大学、中央音乐学院、中国石油大学(北京)、中央广播电视大学	
	天津市	南开大学、天津大学	
	山东省	山东大学、中国石油大学(华东)	

续表

区域	省、自治区、直辖市	(远程+网络)试点学校	备注
华中	河南省	郑州大学	
	上海市	复旦大学、上海交通大学(含医学院)、同济大学、华东师范大学、东华大学、华东理工大学、上海外国语大学	
	江苏省	南京大学、东南大学、江南大学	
	浙江省	浙江大学	
	湖北省	华中科技大学、武汉大学、华中师范大学、中国地质大学(武汉)、武汉理工大学	
	安徽省	中国科学技术大学	
华南	福建省	厦门大学、福建师范大学	
	广东省	华南理工大学、中山大学、华南师范大学	
	湖南省	中南大学、湖南大学	
东北	吉林省	吉林大学、东北师范大学	
	黑龙江省	哈尔滨工业大学、东北农业大学	
	辽宁省	大连理工大学、东北财经大学、中国医科大学、东北大学	
西南	四川省	四川大学、电子科技大学、西南交通大学、西南财经大学、四川农业大学、西南科技大学	
	重庆市	重庆大学、西南师范大学	
西北	陕西省	西安交通大学、西安电子科技大学、西北工业大学、陕西师范大学	
	甘肃省	兰州大学	
香港		明爱小区及高等教育服务、香港城市大学、香港浸会大学、香港专业进修学校、香港科技专上书院、岭南大学、香港中文大学、香港教育学院、香港理工大学、香港科技大学、香港公开大学、香港大学	
澳门		澳门大学、澳门理工学院、亚洲国际公开大学、澳门科技大学、圣若瑟大学、澳门管理学院、中西创新学院	
台湾		台湾空中大学、高雄空中大学	

综上共计大陆有 68 所、香港有 12 所、澳门有 7 所及台湾有 2 所。

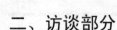

二、访谈部分

本研究于两岸四地共举行 4 场分区访谈会，以多元参与的方式，邀请两岸四地在成人网络自我调控学习素养上有深入研究的专家及学者，接受相关研究人员的访谈，将访谈的信息及多样的意见作为实际了解，并作为辅助量表实证资料所不足之处。

第五节 研 究 工 具

为达成研究目的，本研究分为调查问卷及访谈大纲两种，分述如下。

一、调查问卷部分

1. 问卷设计

有关成人自我调控学习量表的编制与发展是奠基于学理基础，本研究除了从文献及理论归纳出基础素材外，扩大意见搜集的层面，以进一步作为建构理论基础及后续具体题目的参考。本章即呈现量表编制及发展的主要过程与结果；以作者编制的"成人自我调控学习素养"问卷为研究工具，以搜集实证资料，以进行实证研究。"成人自我调控学习素养"量表包括"学习过程的改进"、"学习数据的搜寻"、"学习内容的掌握"、"学习的自我激励"、"积极的自我概念"及"学习伙伴的寻求"等六层面，量表共 28 题；量表层面说明：第一层面是学习过程的改进，为 1、2、3、4、5 题；第二层面是学习数据的搜寻，为 6、7、8、9题；第三层面是学习内容的掌握，为 10、11、12、13 题；第四层面是学习的自我激励，为 14、15、16、17、18 题；第五层面是积极的自我概念，为 19、20、21、22、23 题；第六层面是学习伙伴的寻求，为 24、25、26、27、28 题；采用李克特(Likert type)式五点量尺计分，凡填答"总是如此"者得 5 分；"常常如此"者得 4 分；"偶尔如此"者得 3 分；"很少如此"者得 2 分；"从不如此"者得 1分。问卷如附录一。

2. 问卷实施

本研究问卷于两岸四地分别实施，台湾于 2008 年 12 月 28 日分为北、中、南实施；大陆、香港及澳门则请澳门科技大学负责实施，并于 2009 年 2 月 2 日至12 月回收整理，其整理结果如表 3-2，分述如下。

表 3-2　两岸四地研究问卷回收统计汇总表

校名	回收数	有效数	无效数	有效比率/%
东北大学	100	96	4	96
西安交通大学	70	49	21	70
北京理工大学	100	77	23	77
复旦大学	120	100	20	83
浙江大学	79	34	45	43
武汉大学	88	71	17	81
清华大学	99	77	22	78
大连理工大学	100	99	1	99
华中科技大学	109	85	24	78
四川大学	508	376	132	74
香港地区	75	72	3	96
澳门地区	69	61	8	88
台湾地区	180	179	1	99

大陆地区回收数总计为 1373 份，有效为 1064 份，整体有效比率为 77%。香港地区以香港中文大学 28 份及香港公开大学 47 份，共计 75 份，香港地区回收 75 份，回收率 100%，有效 72 份，有效率为 96%；澳门地区之问卷抽样，责请澳门科技大学负责实施，澳门地区回收 69 份，回收率 100%，有效 61 份，有效率为 88%；台湾地区以台湾空中大学及高雄空中大学的网络学习的成人学生为主要对象；台湾空中大学又以台北及嘉义两地的指导中心的成人学生为抽样对象，各取 60 份，高雄空中大学则抽 120 份，共计 180 份，回收 180 份，回收率 100%，有效 179 份，有效率为 99%。

二、访谈部分

1. 访谈大纲设计

根据量化的问卷调查结果，编制成人网络自我调控学习素养访谈大纲，借以支撑辅助于成人自我调控学习之前述其理论向度相关的看法，针对两岸四地受访者进行访谈工作并加以编码分析，以辅量化问卷结果之不足。访谈大纲的题目，如附录二。

2. 访谈实施

访谈对象是由本研究以在成人网络自我调控学习上有专业研究的学者及专家为主；在台湾地区于 2009 年 10 月 2 日邀请 5 位学者，于高雄师范大学实施，采用团体焦点座谈方式进行；大陆及港、澳地区，则利用 2009 年 10 月 20 日在澳门科技大学举办的"中国继续教育大会(研讨会)"中采抽样方式，从参与研究会中来自华北、华中、华南及西北等地区挑选 10 位的学者及专家接受半结构的访谈，香港地区分别由与会的学者中挑选 3 位，澳门则挑选 1 位。访谈记录如附录三。两岸四地受访者名单，如表 3-3 所示。

表 3-3　受访者个人基本数据表及编码表

编号	姓名	编码	职称	机　　构	访谈日期
1	孟昭鹏	A-1	院长	天津大学	10/21
2	张国安	A-2	院长	华中科技大学	10/21
3	靳永铭	A-3	院长	天津大学继续教育学院	10/21
4	朱善安	A-4	处长	浙江大学继续教育管理处	10/21
5	陈　庚	A-5	院长	北京交通大学远程及继续教育学院	10/21
6	严继昌	A-6	处长	清华大学	10/22
7	杨鸿飞	A-7	副院长	厦门大学继续教育与职业教育学院	10/21
8	凌元元	A-8	院长	南京大学继续教育学院、网络教育学院	10/22
9	汤泽林	A-9	教授	中国人民大学	10/22
10	惠世恩	A-10	教授	西安交通大学继续教育学院	10/21
11	吕汝汉	B-1	院长	香港公开大学李嘉诚专业进修学院	10/21
12	张宝德	B-2	秘书长	香港高等院校持续教育联盟	10/21
13	关清平	B-3	校长	香港明爱徐诚斌学院	10/21
14	杨　玲	C-1	讲师	澳门科大学持续教育学院	10/21
16	杨国德	D-1	所长	台湾高雄师范大学成教所	10/2
17	朱耀明	D-2	馆长	台湾高雄师范大学图书馆	10/2
18	陈碧祺	D-3	副教授	台湾高雄师范大学教育系	10/2
19	黄意雯	D-4	副教授	台湾台南大学数字学习科技系	10/2
20	宗静萍	D-5	处长	高雄空中大学辅导处	10/2

第六节　研究步骤

本研究的研究步骤攸关研究如何执行、数据如何搜集与数据整理分析及讨论的事宜说明；本研究将以 18 个月的时间来进行研究，其研究步骤有以下内容。

1. 文献搜集、分析与整理

应用图书、期刊、网络等方式检索中外相关文献，其重点在网络学习及自我调控学习素养的厘清与内涵整理、并进行初步分析，以作为成人自我调控学习理论向度的问卷设计及建构分区座谈提纲的依据。

2. 问卷调查的取样、准备与分配

采用两岸四地分区实施问卷调查，对两岸四地的成人网络自我调控学习素养的成人之间存在的歧义性质，如背景变项之性别、职业、学习机构等的种种差异，因机构的属性、开设课程类型、参与者的学习目的与学习方式也各不尽相同，因此，考虑作为广泛的搜集，则以 2009 学年度两岸四地网络学习情境为主要学习形态的成人学习者为对象。"成人自我调控学习"的问卷设计由本研究负责，并由澳门科技大学负责对大陆及港澳实施问卷的发放及回收，由高雄师范大学负责对台湾实施问卷的发放及回收。

3. 访谈的取样、准备与进行

结合问卷调查的结果发现，拟定访谈大纲，以半结构式的访谈，以学术、实务界成人代表合计 20 位的受访者进行座谈或访谈，期与能和本问卷调查的结果相结合，共同支撑本研究的信效度。

4. 资料的综合整理、分析与报告的撰写

综合文献分析、分区访(座)谈、问卷调查及访谈等多元资料的整理，通过归纳、研究及发现并进行项目的文献撰写，完成最后的报告。

第七节 数据处理

1. 问卷方面

本研究在问卷调查中的数据统计，以 SPSS12.0 for Windows 计算机软件包处理，配合研究性质及待答问题需要，采其主要的统计方法为次数分配、平均数、标准差、百分比、t 检验、单因子多变量变异数分析及雪费法(Scheff'e)事后比较等；①描述统计：分析受试者个人基本数据及各变项之平均数与标准差。②以 t 考验、单因子变异数分析(one-way ANOVA)及单因子多变项变异数分析(one-way MANOVA)分析不同背景变项的成人在自我调控学习上的差异情形。

2. 访谈方面

对于访谈则以半结构式深度访谈为主，访谈后则以重点式的模式呈现，并将其重点实施分析及讨论。

第四章　研究结果分析与讨论

本章重点在于两岸四地的比较，将两岸四地的问卷资料经过统计的方法，将数据处理之后，将其统计结果区分为各地区(大陆、香港、澳门及台湾)、整体、及两岸四地等三大部分，进行比较分析及讨论；大陆地区有效人数为1066人，香港地区有效人数为72人，澳门地区有效人数为65人，台湾地区有效人数为179人，共计为1382人。以下分成三节并逐一分析比较与讨论。

第一节　两岸四地成人网络自我调控学习 素养各地区的结果分析

本节旨在将大陆、香港、澳门及台湾，分别呈现问卷调查的统计结果，将不同背景变项对于成人网络自我调控学习素养上的差异结果，实施分析。

一、大陆

1. 大陆成人网络自我调控学习素养有效样本特性的分布情形

大陆成人网络自我调控学习素养的有效样本特性分布情形，如表4-1-1所示，分述如下。

表4-1-1　大陆成人网络自我调控学习素养之有效样本特性分布情形一览表

背景变项	个人基本资料	人　数	百分比/%	顺位
性别	男性	469	44.0	2
	女性	597	56.0	1
年龄	24 岁以下	468	43.9	1
	25～34 岁	463	43.4	2
	35～44 岁	113	10.6	3
	45～54 岁	13	1.2	4
	55～64 岁	9	0.8	5
学院类别	文学院	29	2.7	7
	法学院	52	4.9	5
	商学院	89	8.3	3
	理学院	89	8.3	3

续表

背景变项	个人基本资料	人　数	百分比/%	顺位
学院类别	工学院	62	5.8	4
	农学院	1	0.1	8
	医学院	41	3.8	6
	管理学院	415	38.9	1
	其他学院	288	27.0	2
职业	无业	19	1.8	7
	家管	9	0.8	9
	军警	10	0.9	8
	公务人员/机构工作人员	49	4.6	6
	学校教师及行政人员	62	5.8	5
	农渔	6	0.6	10
	劳工/事业单位工作人员	404	37.9	1
	商业	151	14.2	3
	自由业	104	9.8	4
	学生	252	23.6	2
机构类别	广播电视大学	7	0.7	3
	网络教育学院	1038	97.4	1
	公开(开放、空中)大学	3	0.3	4
	其他网络学习类型	18	1.7	2
学生数	2000 人以下	289	27.1	1
	2001—5000 人	190	17.8	4
	5001—10000 人	52	4.9	5
	10001—15000 人	33	3.1	6
	15001—20000 人	267	25.0	2
	20001 人以上	235	22.0	3
满意度	非常满意	185	17.4	3
	满意	482	45.2	1
	普通	287	26.9	2
	不满意	74	6.9	4
	非常不满意	38	3.6	5

注：N=1066。

由表 4-1-1 可知，本研究有效样本的分布情形，分析如下：

(1)　依性别区分：男性有 469 人(44.0%)，女性有 597 人(56.0%)，女性多于男性。

(2) 依年龄区分：24 岁以下人数最多，共 468 人(43.9%)，其次依序为 25～34 岁有 463 人(43.4%)、35～44 岁有 113 人(10.6%)、45～54 岁有 13 人(1.2%)、55～64 岁有 9 人(0.8%)。

(3) 依学院别区分：管理学院人数最多，共 415 人(38.9%)，其次依序为其他学院有 288 人(27.0%)、商学院有 89 人(8.3%)、理学院有 89 人(8.3%)、工学院有 62 人(5.8%)、法学院有 52 人(4.9%)、医学院有 41 人(3.8%)、文学院有 29 人(2.7%)、农学院有 1 人(0.1%)。

(4) 依职业区分：劳工/事业单位工作人员人数最多，共 404 人(37.9%)，其次依序为学生有 252 人(23.6%)、商业有 151 人(14.2%)、自由业有 104 人(9.8%)、学校教师及行政人员有 62 人(5.8%)、公务人员/国家机构工作人员有 49 人(4.6%)、无业有 19 人(1.8%)、军警有 10 人(0.9%)、家管有 9 人(0.8%)、农渔有 6 人(0.6%)。

(5) 依机构类别区分：网络教育学院人数最多，共 1038 人(97.4%)，其次依序为其他网络学习形态有 18 人(1.7%)、广播电视大学有 7 人(0.7%)、公开有 3 人(0.3%)。

(6) 依学生数区分：2000 人以下人数最多，共 289 人(27.1%)，其次依序为15001～20000 人有 267 人(25.0%)、20001 人以上有 235 人(22.0%)、2001～5000人有 190 人(17.8%)、5001～10000 人有 52 人(4.9%)、10001～15000 人有 33 人(3.1%)。

(7) 依满意度区分：满意人数最多，共 482 人(45.2%)，其次依序为普通有 287 人(26.9%)、非常满意有 185 人(17.4%)、不满意有 74 人(6.9%)、非常不满意有 38 人(3.6%)。

2. 大陆成人网络自我调控学习素养的现况分析

大陆成人网络自我调控学习素养的现况，如表 4-1-2 所示，分述如下。

表 4-1-2　大陆成人网络自我调控学习素养的现况分析表

层面名称	平均数	标准差	题数	每题平均得分
学习过程的改进	19.70	3.23	5	3.94
学习数据的搜寻	15.21	2.99	4	3.80
学习内容的掌握	15.35	2.66	4	3.88
学习的自我激励	19.15	3.40	5	3.83
积极的自我概念	19.37	3.58	5	3.87
学习伙伴的寻求	19.76	3.65	5	3.95
整体自我调控学习素养	108.55	14.56	28	3.88

(1) 在网络自我调控学习素养各层面与整体上，每题平均得分都大于 3.50 分，

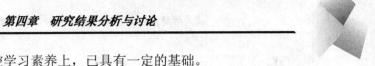

显示在成人在网络自我调控学习素养上，已具有一定的基础。

(2) 各层面与整体的每题平均得分在 3.80 与 3.95 之间，彼此差异不大，可见在学习过程的改进、学习数据的搜寻、学习内容的掌握、学习的自我激励、积极的自我概念、学习伙伴的寻求与整体自我调控学习素养的现况上，大致上有良好的素养。

3. 大陆不同背景变项的成人在网络自我调控学习素养的差异

以大陆的不同背景变项对学习过程的改进、学习数据的搜寻、学习内容的掌握、学习的自我激励、积极的自我概念、学习伙伴的寻求等各层面的差异，分述如下。

1) 性别方面

以不同性别之成人在网络自我调控学习素养上实施独立 t 检验，其结果如表 4-1-3 所示，分述如下。

表 4-1-3　不同性别之成人在网络自我调控学习素养的 t 检验摘要表

层　面	性别	个　数	平 均 数	标 准 差	t 值
学习过程的改进	男	469	19.95	3.23	2.19*
	女	597	19.51	3.21	
学习数据的搜寻	男	469	15.84	2.76	6.15***
	女	597	14.72	3.06	
学习内容的掌握	男	469	15.48	2.86	1.42
	女	597	15.25	2.49	
学习的自我激励	男	469	19.10	3.53	-0.35
	女	597	19.18	3.29	
积极的自我概念	男	469	19.32	3.85	-0.46
	女	597	19.42	3.34	
学习伙伴的寻求	男	469	19.36	3.88	-3.21***
	女	597	20.08	3.44	
整体自我调控学习素养	男	469	109.04	15.26	0.99
	女	597	108.16	13.98	

注：N=1066，*p<0.05，***p<0.001。

(1) 在"学习过程的改进"(t=2.19，p<0.05)、"学习数据的搜寻"(t=6.15，p<0.05)等两个层面表明：在不同性别上有显著差异，显示男生高于女生。

(2) 在"学习伙伴的寻求"(t=-3.21，p<0.05)的层面表明：在不同性别上有显著差异，显示女生高于男生。

(3) 在"学习内容的掌握"($t=1.42$，$p>0.05$)、"学习的自我激励"($t=-0.35$，$p>0.05$)、"积极的自我概念"($t=-0.46$，$p>0.05$)、"整体自我调控学习素养"($t=0.99$，$p>0.05$)等四个层面表明：不同性别上并无显著差异，显示不因性别的不同而有所差异。

综合以上得知："学习过程的改进"、"学习数据的搜寻"、"学习伙伴的寻求"等三个层面，男生高于女生。

2) 年龄方面

以不同年龄的成人在网络自我调控学习素养上实施单因子变异数分析，其结果如表4-1-4所示，分述如下。

表4-1-4　不同年龄的成人在网络自我调控学习素养上的变异数分析摘要表

层　面	组　别	个　数	平均数	标准差	F　值	事后比较
学习过程的改进	1	468	19.14	3.47	8.44***	2>1；5>1
	2	463	20.20	2.94		
	3	113	19.87	2.97		
	4	13	19.00	2.77		
	5	9	22.44	1.81		
学习数据的搜寻	1	468	15.12	3.05	2.43*	
	2	463	15.44	2.98		
	3	113	14.60	2.79		
	4	13	15.00	2.27		
	5	9	16.56	2.19		
学习内容的掌握	1	468	15.18	2.83	1.45	
	2	463	15.53	2.57		
	3	113	15.19	2.31		
	4	13	16.15	2.41		
	5	9	15.67	2.24		
学习的自我激励	1	468	19.01	3.75	0.42	
	2	463	19.25	3.17		
	3	113	19.19	2.96		
	4	13	19.77	2.09		
	5	9	19.22	2.28		
积极的自我概念	1	468	19.48	3.66	1.10	
	2	463	19.37	3.55		
	3	113	19.27	3.18		
	4	13	17.62	5.22		
	5	9	18.33	2.06		

续表

层 面	组 别	个 数	平 均 数	标 准 差	F 值	事后比较
学习伙伴的寻求	1	468	19.57	3.89	5.76***	2>3
	2	463	20.26	3.35		
	3	113	18.88	3.59		
	4	13	17.54	3.73		
	5	9	18.33	2.55		
整体自我调控学习素养	1	468	107.49	15.56	2.41*	
	2	463	110.05	13.86		
	3	113	107.00	13.01		
	4	13	105.08	12.77		
	5	9	110.56	10.69		

注：$N=1066$，*$p<0.05$，***$p<0.001$。

第1组为24岁以下；第2组为25～34岁；第3组为35～44岁；第4组为45～54岁；第5组为55～64岁。

(1) 在"学习过程的改进"($t=8.44$，$p<0.05$)层面表明：不同年龄在学习过程的改进看法上有显著差异，显示因年龄的不同，而在学习过程的改进看法上有所差异。再经 Scheff'e 法进行事后比较得知，"25～34岁"组显著高于"24岁以下"组；"55～64岁"组显著高于"24岁以下"组。

(2) 在"学习伙伴的寻求"($t=5.76$，$p<0.05$)层面表明：不同年龄在学习伙伴的寻求看法上有显著差异，显示因年龄的不同，而在学习伙伴的寻求看法上有所差异。再经 Scheff'e 法进行事后比较得知，"25～34岁"组显著高于"35～44岁"组。

(3) 在"学习数据的搜寻"($t=2.43$，$p<0.05$)、"整体自我调控学习素养"($t=2.41$，$p<0.05$)等两个层面，有显著差异，再经 Scheff'e 法进行事后比较得知，并无显著的差异。

(4) 在"学习内容的掌握"($t=1.45$，$p>0.05$)、"学习的自我激励"($t=0.42$，$p>0.05$)、"积极的自我概念"($t=1.10$，$p>0.05$)等三个层面，无显著差异，显示不因年龄的不同，而有所差异。

综合以上得知，"24岁以下"组在自我调控学习素养之"学习过程的改进"层面上显示较低，"25～34岁"组在自我调控学习素养之"学习过程的改进"上较高于"24岁以下"组，而在"学习伙伴的寻求"上较高于"35～44岁"组。"24岁以下"组大致上表现不够。

3) 学院类别方面

以不同学院类别的成人在网络自我调控学习素养上实施单因子变异数分析，其结果如表4-1-5所示，分述如下。

表 4-1-5　不同学院别的成人在网络自我调控学习素养上的变异数分析摘要表

层　面	组　别	个　数	平 均 数	标 准 差	F 值	事后比较
学习过程的改进	1	29	18.48	3.50	4.67***	
	2	52	19.46	3.05		
	3	89	19.80	2.47		
	4	89	20.66	2.81		
	5	62	17.84	3.81		
	6	1	17.00	0		
	7	41	19.44	2.40		
	8	415	19.94	3.22		
	9	288	19.65	3.37		
学习数据的搜寻	1	29	14.55	2.95	2.00*	
	2	52	15.88	3.17		
	3	89	15.66	2.49		
	4	89	14.63	3.46		
	5	62	15.58	2.94		
	6	1	13.00	0		
	7	41	14.20	3.58		
	8	415	15.21	2.72		
	9	288	15.28	3.18		
学习内容的掌握	1	29	15.10	2.34	3.11**	
	2	52	16.19	2.39		
	3	89	15.79	2.63		
	4	89	14.71	2.38		
	5	62	14.55	3.09		
	6	1	15.00	0		
	7	41	14.46	2.47		
	8	415	15.41	2.70		
	9	288	15.50	2.61		
学习的自我激励	1	29	18.45	2.29	3.88***	
	2	52	19.27	3.23		
	3	89	20.07	2.67		
	4	89	19.85	3.12		
	5	62	17.61	4.05		
	6	1	19.00	0		
	7	41	18.02	3.24		

续表

层 面	组 别	个 数	平 均 数	标 准 差	F 值	事后比较
学习的自我激励	8	415	19.29	3.45	3.88***	
	9	288	18.97	3.46		
积极的自我概念	1	29	18.97	2.72	3.27***	
	2	52	19.23	3.36		
	3	89	21.02	2.41		
	4	89	19.67	3.13		
	5	62	18.95	3.57		
	6	1	18.00	0		
	7	41	18.37	3.88		
	8	415	19.34	3.72		
	9	288	19.13	3.73		
学习伙伴的寻求	1	29	19.93	3.18	2.59**	
	2	52	19.92	2.88		
	3	89	19.55	3.10		
	4	89	20.38	3.16		
	5	62	18.15	4.30		
	6	1	22.00	0		
	7	41	19.02	3.75		
	8	415	20.06	3.78		
	9	288	19.60	3.69		
整体自我调控学习素养	1	29	105.48	11.06	3.00**	
	2	52	109.96	13.71		
	3	89	111.89	10.99		
	4	89	109.91	12.72		
	5	62	102.68	16.01		
	6	1	104.00	0		
	7	41	103.51	13.92		
	8	415	109.26	14.76		
	9	288	108.13	15.53		

注：$N=1066$，***$p<0.001$。

其中各组别的含义是：1. 文学院；2. 法学院；3. 商学院；4. 理学院；5. 工学院；6. 农学院；7. 医学院；8. 管理学院；9. 其他学院。

(1) 在"学习过程的改进"（$t=4.67$，$p<0.05$）、"学习数据的搜寻"（$t=2.00$，$p<0.05$）、"学习内容的掌握"（$t=3.11$，$p<0.05$）、"学习的自我激励"（$t=3.88$，$p<0.05$）、

"积极的自我概念"($t=3.27$，$p<0.05$)、"学习伙伴的寻求"($t=2.59$，$p<0.05$)层面表明：不同学院类别在学习过程的改进看法上有显著差异，显示因学院类别的不同，而在学习过程的改进看法上有所差异。再经 Scheff'e 法进行事后比较得知，并无显著的差异。

(2) 在"整体自我调控学习素养"层面表明：不同学院别在整体自我调控学习素养看法上有显著差异($t=3.00$，$p<0.05$)，显示因学院类别的不同，而在整体自我调控学习素养看法上有所差异。再经 Scheff'e 法进行事后比较得知，并无显著的差异。

综合以上得知，不同学院别的成人在网络人自我调控学习素养上，对学习过程的改进、学习数据的搜寻、学习内容的掌握、学习的自我激励、积极的自我概念、学习伙伴的寻求及整体上等各层面之无任何差异。

4) 职业方面

以不同职业的成人在网络自我调控学习素养上实施单因子变异数分析，其结果如表 4-1-6 所示，分述如下。

表 4-1-6　不同职业的成人在网络自我调控学习素养上的变异数分析摘要表

层　面	组　别	个　数	平均数	标准差	F　值	事后比较
学习过程的改进	1	19	18.58	3.41	4.23***	8>10
	2	9	18.22	3.49		
	3	10	18.00	3.06		
	4	49	19.16	2.87		
	5	62	20.27	2.28		
	6	6	19.00	3.95		
	7	404	19.92	3.01		
	8	151	20.53	3.04		
	9	104	19.97	2.88		
	10	252	18.94	3.80		
学习数据的搜寻	1	19	14.63	2.52	3.28***	
	2	9	14.33	2.35		
	3	10	13.30	3.16		
	4	49	14.49	2.78		
	5	62	16.19	2.55		
	6	6	16.00	3.29		
	7	404	15.58	2.99		
	8	151	14.94	2.99		
	9	104	15.37	2.90		
	10	252	14.76	3.07		

续表

层 面	组 别	个 数	平 均 数	标 准 差	F 值	事后比较
学 习 内 容 的 掌 握	1	19	15.16	2.50	2.79**	
	2	9	14.22	1.48		
	3	10	13.70	2.71		
	4	49	16.02	2.56		
	5	62	14.76	2.22		
	6	6	17.17	2.64		
	7	404	15.49	2.67		
	8	151	15.68	2.41		
	9	104	15.58	2.83		
	10	252	14.94	2.78		
学 习 的 自 我 激 励	1	19	18.68	3.32	4.28***	
	2	9	17.00	2.18		
	3	10	17.40	3.47		
	4	49	20.02	3.02		
	5	62	17.63	2.77		
	6	6	21.50	2.67		
	7	404	19.51	3.24		
	8	151	19.51	2.93		
	9	104	19.25	2.95		
	10	252	18.63	4.07		
积 极 的 自 我 概 念	1	19	19.26	3.49	5.61***	4>5 7>5 8>5 10>5
	2	9	16.22	1.99		
	3	10	16.40	3.84		
	4	49	20.12	3.98		
	5	62	17.05	2.82		
	6	6	21.83	2.71		
	7	404	19.69	3.25		
	8	151	19.42	3.75		
	9	104	19.34	2.71		
	10	252	19.46	4.09		
学 习 伙 伴 的 寻 求	1	19	19.95	3.08	4.15***	4>2 8>2
	2	9	14.89	3.62		
	3	10	19.20	2.74		
	4	49	20.88	3.67		
	5	62	19.48	3.31		

续表

层　面	组　别	个　数	平均数	标准差	F　值	事后比较
学习伙伴的寻求	6	6	22.00	3.03	4.15***	4>2 8>2
	7	404	19.83	3.38		
	8	151	20.45	3.38		
	9	104	19.93	3.46		
	10	252	19.15	4.22		
整体自我调控学习素养	1	19	106.26	15.59	4.07***	
	2	9	94.89	10.57		
	3	10	98.00	11.22		
	4	49	110.69	15.91		
	5	62	105.39	10.85		
	6	6	117.50	15.07		
	7	404	110.01	13.82		
	8	151	110.54	13.42		
	9	104	109.43	12.98		
	10	252	105.87	16.69		

注：$N=1066$，***$p<0.001$。

其中各组别的含义是：1.无业；2.家管；3.军警；4.公务人员/机构工作人员；5.学校教师及行政人员；6.农渔；7.劳工/事业单位工作人员；8.商业；9.自由业；10.学生。

(1) 在"学习过程的改进"($t=4.23$，$p<0.05$)层面表明：不同职业在学习过程的改进看法上有显著差异，显示因职业的不同，而在学习过程的改进看法上有所差异。再经 Scheff'e 法进行事后比较得知，"商业"组显著高于"学生"组。

(2) 在"积极的自我概念"层面：不同职业在积极的自我概念看法上有显著差异($t=5.61$，$p<0.05$)，显示因职业的不同，而在积极的自我概念看法上有所差异。再经 Scheff'e 法进行事后比较得知，"公务人员/机构工作人员"组显著高于"学校教师及行政人员"组；"劳工/事业单位工作人员"组显著高于"学校教师及行政人员"组；"商业"组显著高于"学校教师及行政人员"组；"学生"组显著高于"学校教师及行政人员"组。

(3) 在"学习伙伴的寻求"($t=4.15$，$p<0.05$)层面表明：不同职业在学习伙伴的寻求看法上有显著差异，显示因职业的不同，而在学习伙伴的寻求看法上有所差异。再经 Scheff'e 法进行事后比较得知，"公务人员/机构工作人员"组显著高于"家管"组；"商业"组显著高于"家管"组。

(4) 在"学习数据的搜寻"($t=3.28$，$p<0.05$)、"学习内容的掌握"($t=2.79$，$p<0.05$)、"学习的自我激励"($t=4.28$，$p<0.05$)、"整体自我调控学习素养"($t=4.07$，

$p<0.05)$ 四个层面表明：不同职业在此四个层面上的看法上有显著差异。再经 Scheff'e 法进行事后比较得知，并无显著的差异。

综合以上得知，在"学习过程的改进"上"商业"组显著高于"学生"组，在"积极的自我概念"上"公务人员/机构工作人员"组、"劳工/事业单位工作人员"组、"商业"及"学生"组均高于"学校教师及行政人员"组，在"学习伙伴的寻求"上"公务人员/机构工作人员"组及"商业"组显著高于"家管"组；在职业方面显见"学校教师及行政人员"组及"家管"组在自我调控学习素养上较差。

5) 机构别方面

以不同机构别的成人在网络自我调控学习素养上实施单因子变异数分析，其结果如表 4-1-7，分述如下。

表 4-1-7 不同机构别的成人在网络自我调控学习素养的变异数分析摘要表

层　面	组　别	个　数	平均数	标准差	F 值	事后比较
学习过程的改进	1	7	17.14	3.08	1.79	
	2	1038	19.71	3.25		
	3	3	19.00	3.46		
	4	18	20.39	1.15		
学习数据的搜寻	1	7	17.14	2.19	1.70	
	2	1038	15.18	3.00		
	3	3	16.33	2.08		
	4	18	16.11	2.03		
学习内容的掌握	1	7	14.86	1.46	0.48	
	2	1038	15.35	2.69		
	3	3	17.00	1.73		
	4	18	15.50	0.86		
学习的自我激励	1	7	19.43	2.00	0.70	
	2	1038	19.12	3.43		
	3	3	20.00	1.00		
	4	18	20.22	1.77		
积极的自我概念	1	7	16.00	6.30	2.73*	
	2	1038	19.38	3.57		
	3	3	18.00	4.58		
	4	18	20.39	1.09		
学习伙伴的寻求	1	7	18.86	2.73	0.73	
	2	1038	19.74	3.69		

续表

层　面	组　别	个　数	平均数	标准差	F　值	事后比较
学习伙伴的寻求	3	3	21.00	2.65	0.73	
	4	18	20.78	1.40		
整体自我调控学习素养	1	7	103.43	15.40	0.99	
	2	1038	108.49	14.65		
	3	3	111.33	10.69		
	4	18	113.39	7.06		

注：$N=1066$，$*p<0.05$。

其中各组别的含义是：1.广播电视大学；2.网络教育学院；3.公开(开放、空中)大学；4.其他网络学习形态。

(1) 在"学习过程的改进"($t=1.79$，$p>0.05$)、"学习数据的搜寻"($t=1.70$，$p>0.05$)、"学习内容的掌握"($t=0.48$，$p>0.05$)、"学习的自我激励"($t=0.70$，$p>0.05$)、"学习伙伴的寻求"($t=0.73$，$p>0.05$)等五个层面表明：不同机构别在此等五个层面看法上并无显著差异，显示不因机构别的不同，而在此五个层面的看法上有所差异。

(2) 在"积极的自我概念"层面表明：不同机构别在积极的自我概念看法上有显著差异($t=2.73$，$p<0.05$)，显示因机构别的不同，而在积极的自我概念看法上有所差异。再经 Scheff'e 法进行事后比较得知，并无显著的差异。

(3) 在"整体自我调控学习素养"层面表明：不同机构类别在整体自我调控学习素养看法上并无显著差异($t=0.99$，$p>0.05$)，显示不因机构类别的不同，而在整体自我调控学习素养看法上有所差异。

综合以上得知，不同机构类别之成人在网络人自我调控学习素养上，对学习过程的改进、学习数据的搜寻、学习内容的掌握、学习的自我激励、积极的自我概念、学习伙伴的寻求及整体上等各层面，虽有显著但无法作事后比较无任何差异。

6) 学生数方面

以不同学生数的成人在网络自我调控学习素养上实施单因子变异数分析，其结果如表 4-1-8 所示，分述如下。

表 4-1-8　不同学生数的成人在网络自我调控学习素养的变异数分析摘要表

层　面	组　别	个　数	平均数	标准差	F　值	事后比较
学习过程的改进	1	289	19.27	3.36	5.97***	5>1 5>4 5>6
	2	190	19.91	3.35		
	3	52	19.46	3.22		
	4	33	18.18	4.74		

续表

层　面	组　别	个　数	平均数	标准差	F 值	事后比较
学习过程的改进	5	267	20.45	2.42	5.97***	5>1 5>4 5>6
	6	235	19.48	3.33		
学习数据的搜寻	1	289	14.88	3.58	3.00*	
	2	190	15.74	2.55		
	3	52	15.44	2.90		
	4	33	14.09	2.53		
	5	267	15.31	2.69		
	6	235	15.20	2.84		
学习内容的掌握	1	289	15.01	2.80	7.87***	5>1；5>6
	2	190	15.39	2.77		
	3	52	15.79	2.31		
	4	33	14.76	2.68		
	5	267	16.12	1.74		
	6	235	14.86	3.10		
学习的自我激励	1	289	18.52	3.67	3.74**	5>1
	2	190	19.43	3.74		
	3	52	18.96	3.24		
	4	33	19.24	4.71		
	5	267	19.70	2.38		
	6	235	19.09	3.46		
积极的自我概念	1	289	19.54	3.59	0.64	
	2	190	19.45	3.68		
	3	52	19.65	3.11		
	4	33	19.00	4.62		
	5	267	19.40	3.09		
	6	235	19.06	3.91		
学习伙伴的寻求	1	289	19.24	3.60	6.20***	5>1；5>6
	2	190	19.69	3.98		
	3	52	19.87	3.66		
	4	33	20.42	3.63		
	5	267	20.72	2.68		
	6	235	19.24	4.17		
整体自我调控学习素养	1	289	106.46	14.67	4.84**	5>1；5>6
	2	190	109.62	15.41		
	3	52	109.17	14.16		
	4	33	105.70	16.61		
	5	267	111.70	10.29		
	6	235	106.92	16.87		

注：N=1066，*p<0.05，**p<0.01，***p<0.001。

其中各组别的含义是：第 1 组为 2000 人以下；第 2 组为 2001～5000 人；第 3 组为 5001～10000 人；第 4 组为 10001～15000 人；第 5 组为 15001～20000 人；第 6 组为 20001 人以上。

(1) 在"学习过程的改进"层面表明：不同机构别在学习过程的改进看法上有显著差异($t=5.97$，$p<0.05$)，显示因机构别的不同，而在学习过程的改进看法上有所差异。再经 Scheff'e 法进行事后比较得知，"15001～20000 人"组显著高于"2000 人以下"组；"15001～20000 人"组显著高于"10001～15000 人"组；"15001～20000 人"组显著高于"20001 人以上"组。

(2) 在"学习数据的搜寻"层面表明：不同机构别在学习数据的搜寻看法上有显著差异($t=3.00$，$p<0.05$)，显示因机构别的不同，而在学习数据的搜寻看法上有所差异。再经 Scheff'e 法进行事后比较得知，并无显著差异。

(3) 在"学习内容的掌握"层面表明：不同机构别在学习内容的掌握看法上有显著差异($t=7.87$，$p<0.05$)，显示因机构别的不同，而在学习内容的掌握看法上有所差异。再经 Scheff'e 法进行事后比较得知，"15001～20000 人"组显著高于"2000 人以下"组；"15001～20000 人"组显著高于"20001 人以上"组。

(4) 在"学习的自我激励"层面表明：不同机构别在学习的自我激励看法上有显著差异($t=3.74$，$p<0.05$)，显示因机构别的不同，而在学习的自我激励看法上有所差异。再经 Scheff'e 法进行事后比较得知，"15001～20000 人"组显著高于"2000 人以下"组。

(5) 在"积极的自我概念"层面表明：不同机构类别在积极的自我概念看法上并无显著差异($t=0.64$，$p>0.05$)，显示不因机构类别的不同，而在积极的自我概念看法上有所差异。

(6) 在"学习伙伴的寻求"层面表明：不同机构别在学习伙伴的寻求看法上有显著差异($t=6.20$，$p<0.05$)，显示因机构别的不同，而在学习伙伴的寻求看法上有所差异。再经 Scheff'e 法进行事后比较得知，"15001～20000 人"组显著高于"2000 人以下"组；"15001～20000 人"组显著高于"20001 人以上"组。

(7) 在"整体自我调控学习素养"层面表明：不同机构别在整体自我调控学习素养看法上有显著差异($t=4.84$，$p<0.05$)，显示因机构别的不同，而在整体自我调控学习素养看法上有所差异。再经 Scheff'e 法进行事后比较得知，"15001～20000 人"组显著高于"2000 人以下"组；"15001～20000 人"组显著高于"20001 人以上"组。

综合以上得知，不同学生数之成人在网络人自我调控学习素养上，"15001～20000 人"组的学校较能显现成人自我调控学习素养，而"2000 人以下"组的学校在成人自我调控的素养上较低。

总结大陆学习者在性别、年龄、职业、学生数等方面对网络自我调控学习素养上有显著差异，对本研究之研究假设大部分支持。针对在网络学习的情境中，学习者以自我为中心，独立自主地运用多样媒体进行学习，故大陆的学习者对于在本研究之研究工具的六个层面中，仅以性别、年龄及职业等个人背景变项，在

网络自我调控学习中有差异，由此推知本研究工具，对于大陆的成人网络自我调控学习素养上有其适用性。

二、香港

1. 香港成人网络自我调控学习素养有效样本特性的分布情形

香港成人网络自我调控学习素养之有效样本特性分布情形，如表 4-1-9 所示，分述如下。

表 4-1-9 香港成人网络自我调控学习素养有效样本特性分布情形一览表

背景变项	个人基本资料	人 数	百分比/%	顺 位
性别	男性	32	44.4	2
	女性	40	55.6	1
年龄	24 岁以下	14	19.4	2
	25～34 岁	47	65.3	1
	35～44 岁	11	15.3	3
	45～54 岁	0	0	
	55～64 岁	0	0	
学院类别	文学院	8	11.1	3
	法学院	2	2.8	5
	商学院	15	20.8	2
	理学院	8	11.1	3
	工学院	5	6.9	4
	农学院	0	0	
	医学院	1	1.4	6
	管理学院	25	34.7	1
	其他学院	8	11.1	3
职业	无业	3	4.2	6
	家管	0	0	
	军警	0	0	
	公务人员/机构工作人员	6	8.3	5
	学校教师及行政人员	10	13.9	2
	农渔	0	0	
	劳工/事业单位工作人员	8	11.1	4
	商业	30	41.7	1
	自由业	6	8.3	5
	学生	9	12.5	3

续表

背景变项	个人基本资料	人 数	百分比/%	顺 位
机构类别	广播电视大学	0	0	
	网络教育学院	2	2.8	3
	公开(开放、空中)大学	45	62.5	1
	其他网络学习形态	25	34.7	2
学生数	2000 人以下	36	50.0	1
	2001～5000 人	20	27.8	2
	5001～10000 人	6	8.3	4
	10001～15000 人	2	2.8	5
	15001～20000 人	1	1.4	6
	20001 人以上	7	9.7	3
满意度	非常满意	1	1.4	4
	满意	26	36.1	2
	普通	39	54.2	1
	不满意	5	6.9	3
	非常不满意	1	1.4	4

注：$N=72$。

由表 4-1-9 可知，本研究有效样本的分布情形，分析如下：

(1) 依性别区分：男性有 32 人(44.4%)，女性有 40 人(55.6%)，女性多于男性。

(2) 依年龄区分：25～34 岁人数最多，共 47 人(65.3%)，其次依序为 24 岁以下有 14 人(19.4%)、35～44 岁有 11 人(15.3%)、45～54 岁 0 人(0%)、55～64 岁 0 人(0%)。

(3) 依学院类别区分：管理学院人数最多，共 25 人(34.7%)，其次依序为商学院有 15 人(20.8%)、文学院有 8 人(11.1%)、理学院有 8 人(11.1%)、其他学院有 8 人(11.1%)、工学院有 5 人(6.9%)、法学院有 2 人(2.8%)、医学院有 1 人(1.4%)、农学院 0 人(0%)。

(4) 依职业区分：商业人数最多，共 30 人(41.7%)，其次依序为学校教师及行政人员有 10 人(13.9%)、学生有 9 人(12.5%)、劳工/事业单位工作人员有 8 人(11.1%)、公务人员/国家机构工作人员有 6 人(8.3%)、自由业有 6 人(8.3%)、无业有 3 人(4.2%)、家管 0 人(0%)、军警 0 人(0%)、农渔 0 人(0%)。

(5) 依机构类别区分：公开人数最多，共 45 人(62.5%)，其次依序为其他网络学习形态有 25 人(34.7%)、网络教育学院有 2 人(2.8%)、广播电视大学 0 人(0%)。

（6） 依学生数区分：2000 人以下人数最多，共 36 人(50.0%)，其次依序为 2001～5000 人有 20 人(27.8%)、20001 人以上有 7 人(9.7%)、5001～10000 人有 6 人(8.3)、10001～15000 人有 2 人(2.8%)、15001～20000 人有 1 人(1.4%)。

（7） 依满意度区分：普通人数最多，共 39 人(54.2%)，其次依序为满意有 26 人(36,1%)、不满意有 5 人(6.9%)、非常满意有 1 人(1.4%)、非常不满意有 1 人(1.4%)。

2. 香港成人网络自我调控学习素养的现况分析

香港成人网络自我调控学习素养的现况，如表 4-1-10 所示分述如下。

表 4-1-10 香港地区成人网络自我调控学习素养的现况分析表

层面名称	平 均 数	标 准 差	题 数	每题平均得分
学习过程的改进	18.47	3.09	5	3.69
学习数据的搜寻	14.92	2.88	4	3.73
学习内容的掌握	14.18	2.31	4	3.55
学习的自我激励	18.13	2.76	5	3.63
积极的自我概念	17.32	3.10	5	3.46
学习伙伴的寻求	18.54	3.19	5	3.71
整体自我调控学习素养	101.56	11.79	28	3.63

（1） 在自我调控学习素养各层面与整体上，每题平均得分都大于 3.50 分，显示自我调控学习素养的现况，已具有一定的基础。

（2） 各层面与整体的每题平均得分在 3.46 与 3.73 之间，彼此差异不大，可见在学习过程的改进、学习数据的搜寻、学习内容的掌握、学习的自我激励、积极的自我概念、学习伙伴的寻求与自我调控学习素养整体上的现况感受情形大致良好。

3. 香港不同背景变项的成人在网络自我调控学习素养上的差异

以香港之不同背景变项对学习过程的改进、学习数据的搜寻、学习内容的掌握、学习的自我激励、积极的自我概念、学习伙伴的寻求等各层面之差异，分述如下。

1） 性别方面

以不同性别之成人在网络自我调控学习素养上实施独立 t 检验，其结果如表 4-1-11 所示，分述如下。

表 4-1-11　不同性别的成人在网络自我调控学习素养上的 t 检验摘要表

层　面	性　别	个　数	平　均　数	标　准　差	t 值
学习过程的改进	男	32	18.13	3.73	-0.85
	女	40	18.75	2.48	
学习数据的搜寻	男	32	14.75	3.29	-0.44
	女	40	15.05	2.53	
学习内容的掌握	男	32	13.88	2.38	-1.00
	女	40	14.43	2.25	
学习的自我激励	男	32	18.03	2.80	-0.26
	女	40	18.20	2.76	
积极的自我概念	男	32	17.91	2.89	1.45
	女	40	16.85	3.22	
学习伙伴的寻求	男	32	18.72	3.15	0.42
	女	40	18.40	3.25	
整体自我调控学习素养	男	32	101.41	11.72	-0.10
	女	40	101.68	12.00	

注：$N=72$

(1)　在"学习过程的改进"（$t=-0.85$，$p>0.05$）、"学习数据的搜寻"（$t=-0.44$，$p>0.05$）、"学习内容的掌握"（$t=-1.00$，$p>0.05$）、"学习的自我激励"（$t=-0.26$，$p>0.05$）、"积极的自我概念"（$t=1.45$，$p>0.05$）、"学习伙伴的寻求"（$t=0.42$，$p>0.05$）等六个层面表明：不同性别在成人网络自我调控学习素养上并无显著差异，显示不因性别的不同，而有所差异。

(2)　在"整体自我调控学习素养"层面表明：不同性别在整体自我调控学习素养看法上并无显著差异（$t=-0.10$，$p>0.05$），显示不因性别不同而在整体自我调控学习素养看法上有所差异。

综合以上得知，不同性别之成人在网络人自我调控学习素养上，对学习过程的改进、学习数据的搜寻、学习内容的掌握、学习的自我激励、积极的自我概念、学习伙伴的寻求等各层面无任何差异。

2)　年龄方面

以不同年龄的成人在网络人自我调控学习素养上实施单因子变异数分析，其结果如表 4-1-12 所示，分述如下。

表 4-1-12　不同年龄成人在网络自我调控学习素养方面变异数分析摘要表

层　面	组　别	个　数	平 均 数	标 准 差	F 值	事后比较
学习过程的改进	1	14	18.00	2.63	2.07	
	2	47	18.21	3.20		
	3	11	20.18	2.79		
学习数据的搜寻	1	14	15.14	2.41	0.26	
	2	47	14.74	3.02		
	3	11	15.36	2.98		
学习内容的掌握	1	14	14.71	2.16	2.46	
	2	47	13.77	2.26		
	3	11	15.27	2.41		
学习的自我激励	1	14	17.64	3.03	2.90	
	2	47	17.85	2.67		
	3	11	19.91	2.26		
积极的自我概念	1	14	16.71	3.20	0.90	
	2	47	17.26	3.17		
	3	11	18.36	2.66		
学习伙伴的寻求	1	14	18.36	2.71	0.75	
	2	47	18.83	3.41		
	3	11	17.55	2.77		
整体自我调控学习素养	1	14	100.57	12.23	1.21	
	2	47	100.66	11.74		
	3	11	106.64	11.22		

注：$N=72$。

其中各组别的含义是：第 1 组为 24 岁以下；第 2 组为 25～34 岁；第 3 组为 35～44 岁。

(1) 在"学习过程的改进"($t=2.07$，$p>0.05$)、"学习数据的搜寻"($t=0.26$，$p>0.05$)、"学习内容的掌握"($t=2.46$，$p>0.05$)、"学习的自我激励"($t=2.90$，$p>0.05$)、"积极的自我概念"($t=0.90$，$p>0.05$)、"学习伙伴的寻求"($t=0.75$，$p>0.05$)六个层面表明：不同年龄在成人网络自我调控学习素养上并无显著差异，显示不因年龄的不同而有所差异。

(2) 在"整体自我调控学习素养"层面表明：不同年龄在整体自我调控学习素养看法上并无显著差异($t=1.54$，$p>0.05$)，显示不因年龄的不同而在整体自我调控学习素养看法上有所差异。

综合以上得知，不同年龄的成人在网络人自我调控学习素养上，对学习过程

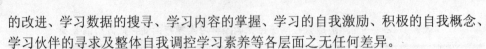

的改进、学习数据的搜寻、学习内容的掌握、学习的自我激励、积极的自我概念、学习伙伴的寻求及整体自我调控学习素养等各层面之无任何差异。

3) 学院类别方面

以不同学院类别的成人在网络自我调控学习素养上实施单因子变异数分析，其结果如表 4-1-13 所示，分述如下。

表 4-1-13　不同学院别的成人在网络自我调控学习素养上的变异数分析摘要表

层　面	组　别	个　数	平 均 数	标 准 差	F　值	事后比较
学习过程的改进	1	8	17.63	2.77	0.50	
	2	2	20.50	3.54		
	3	15	18.67	2.85		
	4	8	18.13	2.70		
	5	5	17.40	7.27		
	6	1	16.00	0		
	7	25	19.00	2.31		
	8	8	18.13	3.23		
	9	8	17.63	2.77		
学习数据的搜寻	1	8	15.63	2.13	0.46	
	2	2	16.50	2.12		
	3	15	15.20	2.93		
	4	8	14.38	2.20		
	5	5	13.60	5.51		
	6	1	17.00	0		
	7	25	14.92	2.87		
	8	8	14.38	2.62		
	9	8	15.63	2.13		
学习内容的掌握	1	8	14.38	2.26	0.50	
	2	2	16.00	2.83		
	3	15	14.20	2.83		
	4	8	13.25	2.19		
	5	5	14.00	3.67		
	6	1	16.00	0		
	7	25	14.36	1.75		
	8	8	13.75	2.44		
	9	8	14.38	2.26		
学习的自我激励	1	8	17.75	2.87	0.62	
	2	2	20.00	0		

续表

层　面	组　别	个　数	平均数	标准差	F　值	事后比较
学习的自 我激励	3	15	18.13	2.33	0.62	
	4	8	17.63	2.77		
	5	5	18.20	2.17		
	6	1	20.00	0		
	7	25	18.60	2.71		
	8	8	16.75	4.20		
	9	8	17.75	2.87		
积极的自 我概念	1	8	17.13	2.48	1.30	
	2	2	19.50	0.71		
	3	15	16.73	3.33		
	4	8	17.50	2.00		
	5	5	18.80	3.27		
	6	1	18.00	0		
	7	25	17.96	2.98		
	8	8	14.88	4.05		
	9	8	17.13	2.48		
学习伙伴 的寻求	1	8	17.25	2.44	0.74	
	2	2	19.00	2.83		
	3	15	18.73	3.28		
	4	8	19.00	3.25		
	5	5	18.40	4.83		
	6	1	15.00	0		
	7	25	19.24	3.17		
	8	8	17.25	2.92		
	9	8	17.25	2.44		
整体自我 调控学习 素养	1	8	99.75	8.94	0.75	
	2	2	111.50	12.02		
	3	15	101.67	12.98		
	4	8	99.88	12.11		
	5	5	100.40	12.14		
	6	1	102.00	0		
	7	25	104.08	10.46		
	8	8	95.13	16.16		
	9	8	99.75	8.94		

　　注：$N=72$。

　　其中各组别的含义是：1.文学院；2.法学院；3.商学院；4.理学院；5.工学院；6.农学院；7.医学院；8.管理学院；9.其他学院。

(1) 在"学习过程的改进"($t=0.50$，$p>0.05$)、"学习数据的搜寻"($t=0.46$，$p>0.05$)、"学习内容的掌握"($t=0.50$，$p>0.05$)、"学习的自我激励"($t=0.62$，$p>0.05$)、"积极的自我概念"($t=1.30$，$p>0.05$)、"学习伙伴的寻求"($t=0.74$，$p>0.05$)六个层面表明：不同学院别在成人网络自我调控学习素养上并无显著差异，显示不因学院别的不同而有所差异。

(2) 在"整体自我调控学习素养"层面表明：不同学院别在整体自我调控学习素养看法上并无显著差异($t=0.75$，$p>0.05$)，显示不因学院别的不同，而在整体自我调控学习素养看法上有所差异。

综合以上得知，不同学院别的成人在网络人自我调控学习素养上，对学习过程的改进、学习数据的搜寻、学习内容的掌握、学习的自我激励、积极的自我概念、学习伙伴的寻求及整体自我调控学习素养各层面无任何差异。

4) 职业方面

以不同职业的成人在网络自我调控学习素养上实施单因子变异数分析，其结果如表 4-1-14 所示，分述如下。

表 4-1-14　不同职业的成人在网络自我调控学习素养方面变异数分析摘要表

层　面	组　别	个　数	平 均 数	标 准 差	F 值	事后比较
学习过程的改进	1	3	17.33	2.08		
	4	6	19.33	3.67		
	5	10	17.80	1.99		
	7	8	19.13	2.30	0.73	
	8	30	18.07	3.77		
	9	6	18.17	3.19		
	10	9	20.00	1.73		
学习数据的搜寻	1	3	13.67	1.16		
	4	6	16.17	1.60		
	5	10	14.50	2.76		
	7	8	15.63	1.30	0.41	
	8	30	14.73	3.54		
	9	6	14.67	3.45		
	10	9	15.11	2.42		
学习内容的掌握	1	3	13.33	1.16		
	4	6	15.50	2.59		
	5	10	14.00	1.33	0.63	
	7	8	13.63	2.20		

续表

层　面	组　别	个　数	平　均　数	标　准　差	F　值	事后比较
学习内容 的掌握	8	30	14.30	2.38	0.63	
	9	6	13.33	3.33		
	10	9	14.44	2.56		
学习的自 我激励	1	3	16.00	1.73	0.88	
	4	6	19.50	3.51		
	5	10	17.30	3.02		
	7	8	17.88	2.95		
	8	30	18.30	2.49		
	9	6	17.50	2.95		
	10	9	18.89	2.85		
积极的自 我概念	1	3	17.00	1.73	1.78	
	4	6	20.17	2.79		
	5	10	15.30	2.63		
	7	8	17.50	2.33		
	8	30	17.50	2.66		
	9	6	17.83	4.31		
	10	9	16.67	4.21		
学习伙伴 的寻求	1	3	18.00	3.00	0.82	
	4	6	18.50	3.27		
	5	10	17.80	3.68		
	7	8	19.13	3.94		
	8	30	18.13	3.01		
	9	6	21.00	2.10		
	10	9	18.78	3.23		
整体自我 调控学习 素养	1	3	95.33	9.07	0.92	
	4	6	109.17	14.96		
	5	10	96.70	11.43		
	7	8	102.88	9.69		
	8	30	101.03	10.33		
	9	6	102.50	16.62		
	10	9	103.89	13.72		

注：$N=72$。

其中各组别的含义是：1.无业；4.公务人员/机构工作人员；5.学校教师及行政人员；7.劳工/事业单位工作人员；8.商业；9.自由业；10.学生。

(1) 在"学习过程的改进"($t=0.73$，$p>0.05$)、"学习数据的搜寻"($t=0.41$，$p>0.05$)、"学习内容的掌握"($t=0.63$，$p>0.05$)、"学习的自我激励"($t=0.88$，$p>0.05$)、"积极的自我概念"($t=1.78$，$p>0.05$)、"学习伙伴的寻求"($t=0.82$，$p>0.05$)六个层面表明：不同职业在成人网络自我调控学习素养上并无显著差异，显示不因职业的不同，而有所差异。

(2) 在"整体自我调控学习素养"层面表明：不同职业在整体自我调控学习素养看法上并无显著差异($t=0.92$，$p>0.05$)，显示不因职业的不同，而在整体自我调控学习素养看法上有所差异。

综合以上得知，不同职业之成人在网络人自我调控学习素养上，对学习过程的改进、学习数据的搜寻、学习内容的掌握、学习的自我激励、积极的自我概念、学习伙伴的寻求及整体自我调控学习素养各层面之无任何差异。

5）机构类别方面

以不同机构类别之成人在网络自我调控学习素养上实施单因子变异数分析，其结果如表 4-1-15 所示，分述如下。

表 4-1-15　不同机构类别的成人在网络自我调控学习素养的变异数分析摘要表

层　面	组　别	个　数	平　均　数	标　准　差	F 值	事后比较
学习过程的改进	2	2	17.50	6.36	5.90**	4>3
	3	45	17.62	3.02		
	4	25	20.08	2.40		
学习数据的搜寻	2	2	18.50	2.12	2.28	
	3	45	14.53	3.09		
	4	25	15.32	2.30		
学习内容的掌握	2	2	15.50	0.71	2.18	
	3	45	13.76	2.05		
	4	25	14.84	2.67		
学习的自我激励	2	2	18.50	0.71	0.96	
	3	45	17.78	2.83		
	4	25	18.72	2.69		
积极的自我概念	2	2	19.50	0.71	1.11	
	3	45	16.96	3.16		
	4	25	17.80	3.03		
学习伙伴的寻求	2	2	20.00	5.66	0.23	
	3	45	18.44	3.51		
	4	25	18.60	2.45		
整体自我调控学习素养	2	2	109.50	10.61	2.89	
	3	45	99.09	11.69		
	4	25	105.36	11.15		

注：$N=72$，**$p<0.01$。

其中各组别的含义是：2.网络教育学院；3.公开；4.其他网络学习形态。

(1) 在"学习过程的改进"层面表明：不同机构别在学习过程的改进看法上有显著差异($t=5.90$，$p<0.05$)，显示因机构别的不同，而在学习过程的改进看法上有所差异。再经 Scheff'e 法进行事后比较得知，"其他网络学习形态"组显著高于"公开"组。

(2) 在"学习数据的搜寻"($t=1.68$，$p>0.05$)、"学习内容的掌握"($t=0.47$，$p>0.05$)、"学习的自我激励"($t=0.54$，$p>0.05$)、"积极的自我概念"($t=2.48$，$p>0.05$)、"学习伙伴的寻求"($t=0.79$，$p>0.05$)五个层面表明：不同机构别除在"学习过程的改进"外，其他成人网络自我调控学习素养上并无显著差异，显示不因机构别的不同而有所差异。

(3) 在"整体自我调控学习素养"层面表明：不同机构别在整体自我调控学习素养看法上并无显著差异($t=0.97$，$p>0.05$)，显示不因机构别的不同，而在整体自我调控学习素养看法上有所差异。

综合以上得知，不同机构别的成人在网络人自我调控学习素养上，对学习过程的改进上"其他网络学习形态"组显著高于"公开"组。在学习数据的搜寻、学习内容的掌握、学习的自我激励、积极的自我概念、学习伙伴的寻求及整体上等各层面之无任何差异。

6) 学生数方面

以不同学生数之成人在网络自我调控学习素养上实施单因子变异数分析，其结果如表 4-1-16 所示，分述如下。

表 4-1-16 不同学生数之成人在网络自我调控学习素养上变异数分析摘要表

层 面	组 别	个 数	平 均 数	标 准 差	F 值	事后比较
学习过程的改进	1	36	19.36	2.76	2.80	
	2	20	17.25	1.83		
	3	6	15.67	5.61		
	4	2	20.00	0		
	5	1	21.00	0		
	6	7	19.00	3.46		
学习数据的搜寻	1	36	15.42	2.55	1.18	
	2	20	14.40	2.98		
	3	6	12.83	5.15		
	4	2	14.00	0		
	5	1	15.00	0		
	6	7	15.86	1.35		

续表

层　面	组　别	个　数	平均数	标准差	F　值	事后比较
学习内容的掌握	1	36	14.72	2.47	2.13	
	2	20	13.65	1.46		
	3	6	11.83	2.56		
	4	2	14.50	0.71		
	5	1	14.00	0		
	6	7	14.86	2.55		
学习的自我激励	1	36	18.64	2.81	1.01	
	2	20	17.75	2.57		
	3	6	16.50	2.59		
	4	2	17.50	0.71		
	5	1	21.00	0		
	6	7	17.71	3.30		
积极的自我概念	1	36	17.94	3.22	0.92	
	2	20	16.30	2.96		
	3	6	17.00	3.16		
	4	2	17.50	2.12		
	5	1	20.00	0		
	6	7	16.86	3.02		
学习伙伴的寻求	1	36	18.08	3.31	1.44	
	2	20	18.55	2.67		
	3	6	18.00	4.43		
	4	2	20.50	2.12		
	5	1	25.00	0		
	6	7	19.86	2.27		
整体自我调控学习素养	1	36	104.17	12.62	2.09	
	2	20	97.90	8.78		
	3	6	91.83	9.54		
	4	2	104.00	0		
	5	1	116.00	0		
	6	7	104.14	13.13		

注：$N=72$。

其中各组别的含义是：第1组为2000人以下；第2组为2001～5000人；第3组为5001～10000人；第四组为10001～15000人；第5组15001～20000人；第6组20001人以上。

(1) 在"学习过程的改进"($t=2.80$, $p>0.05$)、"学习数据的搜寻"($t=1.18$, $p>0.05$)、"学习内容的掌握"($t=2.13$, $p>0.05$)、"学习的自我激励"($t=1.01$, $p>0.05$)、"积极的自我概念"($t=0.92$, $p>0.05$)、"学习伙伴的寻求"($t=1.44$, $p>0.05$)六个层面表明:不同学生数在成人网络自我调控学习素养上并无显著差异,显示不因学生数的不同而有所差异。

(2) 在"整体自我调控学习素养"层面表明:不同机构别在整体自我调控学习素养看法上并无显著差异($t=2.09$, $p>0.05$),显示不因机构别的不同,而在整体自我调控学习素养看法上有所差异。

综合以上得知,不同学生数的成人在网络人自我调控学习素养上,对学习过程的改进、学习数据的搜寻、学习内容的掌握、学习的自我激励、积极的自我概念、学习伙伴的寻求及整体上等各层面的无任何差异。

总结香港学习者在学习机构方面,对网络自我调控学习素养上有显著的差异,对本研究的研究假设小部分支持。根据中外研究文献显示,凡涉及有关社会人口等背景的差异分析或比较,也难以推论到成人族群,以网络学习为主的成人学习者,学习应发生在所要学习的知识内容的脉络情境中,让学习者在此环境中主动地与新的信息发生互动,并获得有用的知识。

三、澳门

1. 澳门成人网络自我调控学习素养有效样本特性的分布情形

澳门成人网络自我调控学习素养有效样本特性的分布情形,如表 4-1-17 所示,分述如下。

表 4-1-17　澳门成人网络自我调控学习素养有效样本特性的分布情形一览表

背景变项	个人基本资料	人数	百分比/%	顺位
性别	男性	30	46.2	2
	女性	35	53.8	1
年龄	24 岁以下	13	20.0	2
	25~34 岁	42	64.6	1
	35~44 岁	10	15.4	3
	45~54 岁	0	0	
	55~64 岁	0	0	
学院类别	文学院	8	12.3	3
	法学院	2	3.1	6
	商学院	11	16.9	2
	理学院	8	12.3	3
	工学院	5	7.7	5

续表

背景变项	个人基本资料	人数	百分比/%	顺位
学院类别	农学院	0	0	
	医学院	1	1.5	7
	管理学院	23	35.4	1
	其他学院	7	10.8	4
职业	无业	3	4.6	6
	家管	0	0	
	军警	0	0	
	公务人员/机构工作人员	6	9.2	4
	学校教师及行政人员	9	13.8	2
	农渔	0	0	
	劳工/事业单位工作人员	8	12.3	3
	商业	25	38.5	1
	自由业	5	7.7	5
	学生	9	13.8	2
机构类别	广播电视大学	0	0	
	网络教育学院	2	3.1	3
	公开	39	60.0	1
	其他网络学习形态	24	36.9	2
学生数	2000 人以下	33	50.8	1
	2001～5000 人	16	24.6	2
	5001～10000 人	6	9.2	4
	10001～15000 人	2	3.1	5
	15001～20000 人	1	1.5	6
	20001 人以上	7	10.8	3
满意度	非常满意	1	1.5	4
	满意	24	36.9	2
	普通	35	53.8	1
	不满意	4	6.2	3
	非常不满意	1	1.5	4

注：N=65。

由表 4-1-17 可知，本研究有效样本的分布情形，分析如下：

(1) 依性别区分：男性有 30 人(46.2%)，女性有 35 人(53.8%)，女性多于男性。

(2) 依年龄区分：25～34 岁人数最多，共 42 人(64.6%)，其次依序为 24 岁以

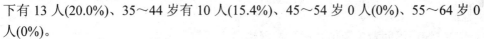

下有 13 人(20.0%)、35～44 岁有 10 人(15.4%)、45～54 岁 0 人(0%)、55～64 岁 0 人(0%)。

(3) 依学院别区分：管理学院人数最多，共 23 人(35.4%)，其次依序为商学院有 11 人(16.9%)、文学院有 8 人(12.3%)、理学院有 8 人(12.3%)、其他学院有 7 人(10.8%)、工学院有 5 人(7.7%)、法学院有 2 人(3.1%)、医学院有 1 人(1.5%)、农学院 0 人(0%)。

(4) 依职业区分：商业人数最多，共 25 人(38.5%)，其次依序为学生有 9 人(13.8%)、学校教师及行政人员有 9 人(13.8%)、劳工/事业单位工作人员有 8 人(12.3)、公务人员/机构工作人员有 6 人(9.2%)、自由业有 5 人(7.7%)、无业有 3 人(4.6%)、家管 0 人(0%)、军警 0 人(0%)、农渔 0 人(0%)。

(5) 依机构别区分：公开人数最多，共 39 人(60.0%)，其次依序为其他网络学习形态有 24 人(36.9%)、网络教育学院有 2 人(3.1%)、广播电视大学 0 人(0%)。

(6) 依学生数区分：2000 人以下人数最多，共 33 人(50.8%)，其次依序为2001～5000 人有 16 人(24.6%)、20001 人以上有 7 人(10.8%)、5001～10000 人有 6 人(9.2%)、10001～15000 人有 2 人(3.1%)、15001～20000 人有 1 人(1.5%)。

(7) 依满意度区分：普通人数最多，共 35 人(53.8%)，其次依序为满意有 24 人(36.9%)、不满意有 4 人(6.2%)、非常满意有 1 人(1.5%)、非常不满意有 1 人(1.5%)。

2. 澳门成人网络自我调控学习素养的现况分析

澳门成人网络自我调控学习素养的现况，如表 4-1-18 所示，分述如下。

表 4-1-18　澳门成人网络自我调控学习素养的现况分析表

层面名称	平 均 数	标 准 差	题 数	每题平均得分
学习过程的改进	18.57	3.102	5	3.71
学习数据的搜寻	14.92	2.852	4	3.73
学习内容的掌握	14.18	2.311	4	3.55
学习的自我激励	18.31	2.750	5	3.66
积极的自我概念	17.48	3.128	5	3.50
学习伙伴的寻求	18.62	3.244	5	3.72
整体自我调控学习素养	102.08	11.893	28	3.65

(1) 在自我调控学习素养各层面与整体上，每题平均得分都大于 3.50 分，显示自我调控学习素养的现况，已具有一定之运作。

(2) 各层面与整体的每题平均得分在 3.50 与 3.73 之间，彼此差异不大，可见在学习过程的改进、学习数据的搜寻、学习内容的掌握、学习的自我激励、积极的自我概念、学习伙伴的寻求与自我调控学习素养整体上的现况感受情形大致良好。

3. 澳门不同背景变项之成人在网络自我调控学习素养之差异

以澳门不同背景变项对学习过程的改进、学习数据的搜寻、学习内容的掌握、学习的自我激励、积极的自我概念、学习伙伴的寻求等各层面差异，分述如下。

1) 性别方面

以不同性别的成人在网络自我调控学习素养上实施独立 t 检验，其结果如表 4-1-19 所示，分述如下。

表 4-1-19　不同性别的成人在网络自我调控学习素养上 t 检验摘要表

层　面	性别	个　数	平　均　数	标　准　差	t 值
学习过程的改进	男	30	18.23	3.82	−0.81
	女	35	18.86	2.34	
学习数据的搜寻	男	30	14.97	3.16	0.11
	女	35	14.89	2.61	
学习内容的掌握	男	30	14.00	2.39	−0.59
	女	35	14.34	2.26	
学习的自我激励	男	30	18.20	2.78	−0.29
	女	35	18.40	2.76	
积极的自我概念	男	30	18.07	2.84	1.42
	女	35	16.97	3.31	
学习伙伴的寻求	男	30	18.80	3.24	0.42
	女	35	18.46	3.28	
整体自我调控学习素养	男	30	102.27	11.57	0.12
	女	35	101.91	12.33	

注：N=65。

(1) 在"学习过程的改进"（t=−0.81，p>0.05）、"学习数据的搜寻"（t=0.11，p>0.05）、"学习内容的掌握"（t=−0.59，p>0.05）、"学习的自我激励"（t=−0.29，p>0.05）、"积极的自我概念"（t=1.42，p>0.05）、"学习伙伴的寻求"（t=0.42，p>0.05）六个层面表明：不同性别在成人网络自我调控学习素养上并无显著差异，显示不因性别的不同而有所差异。

(2) 在"整体自我调控学习素养"层面表明：不同性别在整体自我调控学习素养看法上并无显著差异（t=0.12，p>0.05），显示不因性别的不同，而在整体自我调控学习素养看法上有所差异。

综合以上得知，不同性别的成人在网络自我调控学习素养上，对学习过程的改进、学习数据的搜寻、学习内容的掌握、学习的自我激励、积极的自我概念、学习伙伴的寻求等各层面之无任何差异。

2) 年龄方面

以不同年龄之成人在网络人自我调控学习素养上实施单因子变异数分析，其结果如表 4-1-20 所示，分述如下。

表 4-1-20 不同年龄的成人在网络自我调控学习素养上的变异数分析摘要表

层 面	组 别	个 数	平 均 数	标 准 差	F 值	事后比较
学习过程的改进	1	13	18.15	2.67	0.96	
	2	42	18.40	3.31		
	3	10	19.80	2.62		
学习数据的搜寻	1	13	15.15	2.51	0.07	
	2	42	14.83	3.00		
	3	10	15.00	2.87		
学习内容的掌握	1	13	14.69	2.25	1.22	
	2	42	13.86	2.34		
	3	10	14.90	2.18		
学习的自我激励	1	13	17.92	2.96	2.34	
	2	42	18.02	2.68		
	3	10	20.00	2.36		
积极的自我概念	1	13	16.77	3.32	0.67	
	2	42	17.50	3.16		
	3	10	18.30	2.79		
学习伙伴的寻求	1	13	18.15	2.70	1.06	
	2	42	19.02	3.45		
	3	10	17.50	2.92		
整体自我调控学习素养	1	13	100.85	12.68	0.50	
	2	42	101.64	11.96		
	3	10	105.50	11.14		

注：$N=65$。

其中各组别的含义是：第 1 组为 24 岁以下；第 2 组为 25～34 岁；第 3 组为 35～44 岁。

(1) 在"学习过程的改进"（$t=0.96$，$p>0.05$）、"学习数据的搜寻"（$t=0.07$，$p>0.05$）、"学习内容的掌握"（$t=1.22$，$p>0.05$）、"学习的自我激励"（$t=2.34$，$p>0.05$）、"积极的自我概念"（$t=0.67$，$p>0.05$）、"学习伙伴的寻求"（$t=1.06$，$p>0.05$）六个层面表明：不同年龄在成人网络自我调控学习素养上并无显著差异，显示不因年龄的不同而有所差异。

(2) 在"整体自我调控学习素养"层面表明：不同年龄在整体自我调控学习素养看法上并无显著差异($t=0.50$，$p>0.05$)，显示不因年龄的不同，而在整体自我调控学习素养看法上有所差异。

综合以上得知，不同年龄的成人在网络人自我调控学习素养上，对学习过程的改进、学习数据的搜寻、学习内容的掌握、学习的自我激励、积极的自我概念、学习伙伴的寻求及整体上等各层面之无任何差异。

3) 学院类别方面

以不同学院类别的成人在网络自我调控学习素养上实施单因子变异数分析，其结果如表 4-1-21 所示，分述如下。

表 4-1-21 不同学院类别的成人在网络自我调控学习素养上变异数分析摘要表

层 面	组 别	个 数	平 均 数	标 准 差	F 值	事后比较
学习过程 的改进	1	8	17.63	2.77	0.56	
	2	2	20.50	3.54		
	3	11	18.73	2.61		
	4	8	18.00	2.93		
	5	5	17.40	7.27		
	7	1	16.00	0		
	8	23	19.17	2.31		
	9	7	18.71	2.98		
学习数据 的搜寻	1	8	15.63	2.13	0.49	
	2	2	16.50	2.12		
	3	11	14.73	3.20		
	4	8	14.38	2.20		
	5	5	13.60	5.51		
	7	1	17.00	0		
	8	23	15.22	2.61		
	9	7	14.29	2.81		
学习内容 的掌握	1	8	14.38	2.26	0.53	
	2	2	16.00	2.83		
	3	11	13.91	2.95		
	4	8	13.25	2.19		
	5	5	14.00	3.67		
	7	1	16.00	0		
	8	23	14.48	1.68		
	9	7	13.86	2.61		

续表

层 面	组 别	个 数	平 均 数	标 准 差	F 值	事后比较
学习的自我激励	1	8	17.75	2.87	0.57	
	2	2	20.00	0		
	3	11	18.36	2.38		
	4	8	17.63	2.77		
	5	5	18.20	2.17		
	7	1	20.00	0		
	8	23	18.87	2.62		
	9	7	17.14	4.38		
积极的自我概念	1	8	17.13	2.48	0.96	
	2	2	19.50	0.71		
	3	11	17.00	3.55		
	4	8	17.50	2.00		
	5	5	18.80	3.27		
	7	1	18.00	0		
	8	23	18.04	3.08		
	9	7	15.14	4.20		
学习伙伴的寻求	1	8	17.25	2.44	0.73	
	2	2	19.00	2.83		
	3	11	19.27	3.26		
	4	8	19.00	3.25		
	5	5	18.40	4.83		
	7	1	15.00	0		
	8	23	19.22	3.28		
	9	7	17.29	3.15		
整体自我调控学习素养	1	8	99.75	8.94	0.68	
	2	2	111.50	12.02		
	3	11	102.00	13.90		
	4	8	99.75	12.20		
	5	5	100.40	12.14		
	7	1	102.00	0		
	8	23	105.00	10.35		
	9	7	96.43	16.99		

注：$N=65$。

其中各组别的含义是：1.文学院；2.法学院；3.商学院；4.理学院；5.工学院；6.农学院；7.医学院；8.管理学院；9.其他学院。

(1) 在"学习过程的改进"($t=0.56$,$p>0.05$)、"学习数据的搜寻"($t=0.49$,$p>0.05$)、"学习内容的掌握"($t=0.53$,$p>0.05$)、"学习的自我激励"($t=0.57$,$p>0.05$)、"积极的自我概念"($t=0.96$,$p>0.05$)、"学习伙伴的寻求"($t=0.73$,$p>0.05$)六个层面表明:不同学院别在成人网络自我调控学习素养上并无显著差异,显示不因学院别的不同,而有所差异。

(2) 在"整体自我调控学习素养"层面表明:不同学院别在整体自我调控学习素养看法上并无显著差异($t=0.68$,$p>0.05$),显示不因学院别的不同,而在整体自我调控学习素养看法上有所差异。

综合以上得知,不同学院别的成人在网络人自我调控学习素养上,对学习过程的改进、学习数据的搜寻、学习内容的掌握、学习的自我激励、积极的自我概念、学习伙伴的寻求及整体上等各层面之无任何差异。

4) 职业方面

以不同职业的成人在网络自我调控学习素养上实施单因子变异数分析,其结果如表 4-1-22 所示,分述如下。

表 4-1-22　不同职业的成人在网络自我调控学习素养上变异数分析摘要表

层　面	组　别	个　数	平 均 数	标 准 差	F 值	事后比较
学习过程的改进	1	3	17.33	2.08		
	4	6	19.33	3.67		
	5	9	17.89	2.09		
	7	8	19.00	2.62	0.64	
	8	25	18.08	3.85		
	9	5	18.80	3.11		
	10	9	20.00	1.73		
学习数据的搜寻	1	3	13.67	1.16		
	4	6	16.17	1.60		
	5	9	14.44	2.92		
	7	8	15.63	1.30	0.43	
	8	25	14.76	3.53		
	9	5	14.40	3.78		
	10	9	15.11	2.42		
学习内容的掌握	1	3	13.33	1.16		
	4	6	15.50	2.59		
	5	9	14.00	1.44	0.64	
	7	8	13.63	2.20		
	8	25	14.32	2.30		

续表

层　面	组　别	个　数	平　均　数	标　准　差	F　值	事后比较
学习内容的掌握	9	5	13.20	3.70	0.64	
	10	9	14.44	2.56		
学习的自我激励	1	3	16.00	1.73	0.83	
	4	6	19.50	3.51		
	5	9	17.44	3.17		
	7	8	17.88	2.95		
	8	25	18.60	2.38		
	9	5	18.00	3.00		
	10	9	18.89	2.85		
积极的自我概念	1	3	17.00	1.73	1.46	
	4	6	20.17	2.79		
	5	9	15.67	2.50		
	7	8	17.50	2.33		
	8	25	17.72	2.72		
	9	5	18.00	4.80		
	10	9	16.67	4.21		
学习伙伴的寻求	1	3	18.00	3.00	0.60	
	4	6	18.50	3.27		
	5	9	17.89	3.89		
	7	8	19.13	3.94		
	8	25	18.28	3.08		
	9	5	21.00	2.35		
	10	9	18.78	3.23		
整体自我调控学习素养	1	3	95.33	9.07	0.79	
	4	6	109.17	14.96		
	5	9	97.33	11.94		
	7	8	102.75	9.84		
	8	25	101.76	10.01		
	9	5	103.40	18.42		
	10	9	103.89	13.72		

注：$N=65$。

其中各组别的含义是：1.无业；4.公务人员/机构工作人员；5.学校教师及行政人员；7.劳工/事业单位工作人员；8.商业；9.自由业；10.学生。

(1) 在"学习过程的改进"($t=0.64$，$p>0.05$)、"学习数据的搜寻"($t=0.43$，$p>0.05$)、"学习内容的掌握"($t=0.64$，$p>0.05$)、"学习的自我激励"($t=0.83$，$p>0.05$)、"积极的自我概念"($t=1.46$，$p>0.05$)、"学习伙伴的寻求"($t=0.60$，$p>0.05$)六个层面表明：不同职业在成人网络自我调控学习素养上并无显著差异，显示不因职业的不同，而有所差异。

(2) 在"整体自我调控学习素养"层面表明：不同职业在整体自我调控学习素养看法上并无显著差异($t=0.79$，$p>0.05$)，显示不因职业的不同，而在整体自我调控学习素养看法上有所差异。

综合以上得知，不同职业的成人在网络人自我调控学习素养上，对学习过程的改进、学习数据的搜寻、学习内容的掌握、学习的自我激励、积极的自我概念、学习伙伴的寻求及整体上等各层面之无任何差异。

5) 机构类别方面

以不同机构别的成人在网络自我调控学习素养上实施单因子变异数分析，其结果如表4-1-23所示，分述如下。

表 4-1-23 不同机构类别的成人在网络自我调控学习素养变异数分析摘要表

层 面	组 别	个 数	平 均 数	标 准 差	F 值	事后比较
学习过程的改进	2	2	17.50	6.36	3.93*	4>3
	3	39	17.79	3.18		
	4	24	19.92	2.30		
学习数据的搜寻	2	2	18.50	2.12	1.99	
	3	39	14.59	3.13		
	4	24	15.17	2.22		
学习内容的掌握	2	2	15.50	0.71	1.35	
	3	39	13.82	2.14		
	4	24	14.67	2.58		
学习的自我激励	2	2	18.50	0.71	0.42	
	3	39	18.05	2.83		
	4	24	18.71	2.74		
积极的自我概念	2	2	19.50	0.71	0.65	
	3	39	17.21	3.22		
	4	24	17.75	3.08		
学习伙伴的寻求	2	2	20.00	5.66	0.19	
	3	39	18.54	3.60		
	4	24	18.63	2.50		

续表

层 面	组 别	个 数	平 均 数	标 准 差	F 值	事后比较
整体自我调控学习素养	2	2	109.50	10.61	1.66	
	3	39	100.00	12.20		
	4	24	104.83	11.07		

注：N=65，*p<0.05。

2.网络教育学院 3.公开 4.其他网络学习形态。

(1) 在"学习过程的改进"层面表明：不同机构别在学习过程的改进看法上有显著差异(t=3.93，$p<0.05$)，显示因机构别的不同，而在学习过程的改进看法上有所差异。再经 Scheff'e 法进行事后比较得知，"其他网络学习形态"组显著高于"公开"组。

(2) 在"学习数据的搜寻"(t=1.99，$p>0.05$)、"学习内容的掌握"(t=1.35，$p>0.05$)、"学习的自我激励"(t=0.42，$p>0.05$)、"积极的自我概念"(t=0.65，$p>0.05$)、"学习伙伴的寻求"(t=0.19，$p>0.05$)及"整体自我调控学习素养"(t=1.66，$p>0.05$)六个层面表明：不同机构别在成人网络自我调控学习素养上并无显著差异，显示不因机构别的不同而所差异。

综合以上得知，不同机构别的成人在网络人自我调控学习素养上，对学习过程的改进上"其他网络学习形态"组显著高于"公开"组。在学习数据的搜寻、学习内容的掌握、学习的自我激励、积极的自我概念、学习伙伴的寻求及整体上等各层面之无任何差异。

6. 学生数方面

以不同学生数之成人在网络自我调控学习素养上实施单因子变异数分析，其结果如表 4-1-24 所示，分述如下。

表 4-1-24 不同学生数的成人在网络自我调控学习素养上变异数分析摘要表

层 面	组 别	个 数	平 均 数	标 准 差	F 值	事后比较
学习过程的改进	1	33	19.39	2.65	2.34	
	2	16	17.50	1.83		
	3	6	15.67	5.61		
	4	2	20.00	0		
	5	1	21.00	0		
	6	7	18.86	3.72		
学习数据的搜寻	1	33	15.27	2.58	0.95	
	2	16	14.69	2.89		

续表

层　面	组　别	个　数	平　均　数	标　准　差	F　值	事后比较
学习数据的搜寻	3	6	12.83	5.15	0.95	
	4	2	14.00	0		
	5	1	15.00	0		
	6	7	15.86	1.35		
学习内容的掌握	1	33	14.67	2.45	1.89	
	2	16	13.75	1.44		
	3	6	11.83	2.56		
	4	2	14.50	0.71		
	5	1	14.00	0		
	6	7	14.86	2.55		
学习的自我激励	1	33	18.70	2.86	0.94	
	2	16	18.38	2.42		
	3	6	16.50	2.59		
	4	2	17.50	0.71		
	5	1	21.00	0		
	6	7	17.71	3.30		
积极的自我概念	1	33	18.00	3.34	0.58	
	2	16	16.69	2.96		
	3	6	17.00	3.16		
	4	2	17.50	2.12		
	5	1	20.00	0		
	6	7	16.86	3.02		
学习伙伴的寻求	1	33	18.15	3.30	1.33	
	2	16	18.63	2.87		
	3	6	18.00	4.43		
	4	2	20.50	2.12		
	5	1	25.00	0		
	6	7	19.86	2.27		
整体自我调控学习素养	1	33	104.18	12.84	1.63	
	2	16	99.63	8.82		
	3	6	91.83	9.54		
	4	2	104.00	0		
	5	1	116.00	0		
	6	7	104.00	13.28		

注：N=65。

其中各组别的含义是：第 1 组为 2000 人以下；第 2 组为 2001～5000 人；第 3 组为 5001～10000 人；第 4 组为 10001～15000 人；第 5 组为 15001～20000 人；第 6 组为 20001 人以上。

(1) 在"学习过程的改进"（$t=2.34$，$p>0.05$）、"学习数据的搜寻"（$t=0.95$，$p>0.05$）、"学习内容的掌握"（$t=1.89$，$p>0.05$）、"学习的自我激励"（$t=0.94$，$p>0.05$）、"积极的自我概念"（$t=0.58$，$p>0.05$）、"学习伙伴的寻求"（$t=1.33$，$p>0.05$）六个层面表明：不同学生数在成人网络自我调控学习素养上并无显著差异，显示不因机构别的不同，而有所差异。

(2) 在"整体自我调控学习素养"层面表明：不同学生数在整体自我调控学习素养看法上并无显著差异（$t=1.63$，$p>0.05$），显示不因机构别的不同，而在整体自我调控学习素养看法上有所差异。

综合以上得知，不同学生数的成人在网络人自我调控学习素养上，对学习过程的改进、学习数据的搜寻、学习内容的掌握、学习的自我激励、积极的自我概念、学习伙伴的寻求及整体上等各层面无任何差异。

总结澳门学习者在学习机构方面，对网络自我调控学习素养上有显著之差异，对本研究的研究假设小部分支持。随着网络的普及和高速化，其日益改变着人们的学习方式，人们的学习方式不再局限于书本、课堂、电视、广播等传统的手段。澳门的学习者能借着互联网来学习和获取知识，成为近几年来的热门焦点，使得因特网成为远程教学、终生学习、普及教育的一个重要媒介，因此澳门的高等学校的学习机构在网络教学方面，颇为学习者互为比较，而倾向可以容易自我调控学习为标的。

四、台湾

1. 台湾成人网络自我调控学习素养有效样本特性的分布情形

台湾成人网络自我调控学习素养的有效样本特性的分布情形，如表 4-1-25 所示，分述如下。

表 4-1-25　台湾地区的有效样本特性的分布情形一览表

背景变项	个人基本资料	人　数	百分比/%	顺　位
性别	男性	69	38.5	2
	女性	110	61.5	1
年龄	24 岁以下	4	2.2	5
	25～34 岁	38	21.2	2
	35～44 岁	93	52.0	1
	45～54 岁	36	20.1	3
	55～64 岁	8	4.5	4
学院类别	文学院	49	27.4	2
	法学院	89	49.7	1

续表

背景变项	个人基本资料	人 数	百分比/%	顺 位
学院类别	商学院	14	7.8	3
	理学院	9	5.0	4
	工学院	3	1.7	7
	农学院	2	1.1	8
	医学院	2	1.1	8
	管理学院	5	2.8	6
	其他学院	6	3.4	5
职业	无业	8	4.5	7
	家管	18	10.1	3
	军警	6	3.4	8
	公务人员/机构工作人员	76	42.5	1
	学校教师及行政人员	12	6.7	4
	农渔	4	2.2	9
	劳工/事业单位工作人员	31	17.3	2
	商业	11	6.1	5
	自由业	10	5.6	6
	学生	3	1.7	10
机构类别	广播电视大学	3	1.7	2
	网络教育学院	2	1.1	3
	公开	174	97.2	1
	其他网络学习形态	0	0	
学生数	2000 人以下	0	0	
	2001～5000 人	0	0	
	5001～10000 人	97	54.2	1
	10001～15000 人	82	45.8	2
	15001～20000 人	0	0	
	20001 人以上	0	0	
满意度	非常满意	23	12.8	3
	满意	99	55.3	1
	普通	54	30.2	2
	不满意	1	0.6	5
	非常不满意	2	1.1	4

注：$N=179$。

由表 4-1-25 可知,本研究有效样本的分布情形,分析如下:

(1) 依性别区分:男性有 69 人(38.5%),女性有 110 人(61.5%),女性多于男性。

(2) 依年龄区分:35~44 岁人数最多,共 93 人(52.0%),其次依序为 25~34 岁有 38 人(21.2%)、45~54 岁有 36 人(20.1%)、55~64 岁有 8 人(4.5%)、24 岁以下有 4 人(2.2%)。平均为中年龄层最多

(3) 依学院别区分:法学院人数最多,共 89 人(49.7%),其次依序为文学院有 49 人(27.4%)、商学院有 14 人(7.8%)、理学院有 9 人(5.0%)、其他学院有 6 人(3.4%)、管理学院有 5 人(2.8%)、工学院有 3 人(1.7%)、农学院有 2 人(1.1%)、医学院有 2 人(1.1%)。

(4) 依职业区分:公务人员/机构工作人员人数最多,共 76 人(42.5%),其次依序为劳工/事业单位工作人员 31 人(17.3%)、家管有 18 人(10.1%)、学校教师及行政人员有 12 人(6.7%)、商业有 11 人(6.1%)、自由业有 10 人(5.6%)、无业有 8 人(4.5%)、军警有 6 人(3.4%)、农渔有 4 人(2.2%)、学生有 3 人(1.7%)。公务人员/机构工作人员较有能力及时间充实自己

(5) 依机构别区分:公开人数最多,共 174 人(97.2%),其次依序为广播电视大学有 3 人(1.7%)、网络教育学院有 2 人(1.1%)、其他网络学习形态 0 人(0%)。

(6) 依学生数区分:5001~10000 人人数最多,共 97 人(54.2%),其次依序为 10001~15000 人有 82 人(45.8%)、2000 人以下 0 人(0%)、2001~5000 人 0 人(0%)、15001~20000 人 0 人(0%)、20001 人以上 0 人(0%)。

(7) 依满意度区分:满意人数最多,共 99 人(55.3%),其次依序为普通有 54 人(30.2%)、非常满意有 23 人(12.8%)、非常不满意有 2 人(1.1%)、不满意有 1 人(0.6%)。

2. 台湾成人网络自我调控学习素养的现况分析

台湾成人网络自我调控学习素养的现况,如表 4-1-26 所示,分述如下。

表 4-1-26 台湾地区成人网络自我调控学习素养的现况分析表

层面名称	平 均 数	标 准 差	题数	每题平均得分
学习过程的改进	20.37	2.67	5	4.07
学习数据的搜寻	15.83	2.61	4	3.96
学习内容的掌握	15.64	2.60	4	3.66
学习的自我激励	19.77	3.15	5	3.95
积极的自我概念	18.88	3.81	5	3.78
学习伙伴的寻求	19.84	3.43	5	3.97
整体自我调控学习素养	110.34	13.74	28	3.94

(1) 在成人网络自我调控学习素养各层面与整体上,每题平均都大于 3.66 分,

显示台湾地区的成人在网络上自我调控学习素养，已具有一定之模式。

(2) 各层面每题平均得分在 3.66 与 4.07 之间，彼此间差异不大，显见在学习过程的改进、学习数据的搜寻、学习内容的掌握、学习的自我激励、积极的自我概念、学习伙伴的寻求及整体等层面的认知大致上有良好的基础。

3. 台湾不同背景变项之成人在网络自我调控学习素养中的差异

以台湾不同背景变项对学习过程的改进、学习数据的搜寻、学习内容的掌握、学习的自我激励、积极的自我概念、学习伙伴的寻求等各层面的差异，分述如下。

1) 性别方面

以不同性别的成人在网络自我调控学习素养上实施独立 t 检验，其结果如表 4-1-27，分述如下。

表 4-1-27　不同性别的成人在网络自我调控学习素养上之 t 检验摘要表

层　面	性　别	个　数	平　均　数	标　准　差	t 值
学习过程的改进	男	69	20.19	2.71	-0.72
	女	110	20.48	2.65	
学习数据的搜寻	男	69	16.01	2.79	0.74
	女	110	15.72	2.49	
学习内容的掌握	男	69	15.86	2.99	0.87
	女	110	15.51	2.32	
学习的自我激励	男	69	19.72	3.25	-0.14
	女	110	19.79	3.10	
积极的自我概念	男	69	18.88	3.92	0.00
	女	110	18.88	3.75	
学习伙伴的寻求	男	69	19.83	3.25	-0.05
	女	110	19.85	3.56	
整体自我调控学习素养	男	69	110.49	13.81	0.12
	女	110	110.24	13.76	

注：N=179。

(1) 在"学习过程的改进"（t=-0.72，p>0.05）、"学习数据的搜寻"（t=0.74，p>0.05）、"学习内容的掌握"（t=0.87，p>0.05）、"学习的自我激励"（t=-0.14，p>0.05）、"积极的自我概念"（t=0，p>0.05）、"学习伙伴的寻求"（t=-0.05，p>0.05）六个层面表明：不同性别成人在网络自我调控学习素养上并无显著差异，显示不因性别的不同而有所差异。

(2) 在"整体自我调控学习素养"层面表明：不同性别在整体自我调控学习

素养看法上并无显著差异(t=0.12，p>0.05)，显示不因性别的不同，而在整体自我调控学习素养看法上有所差异。

综合以上得知，不同性别的成人在网络自我调控学习素养上，对学习过程的改进、学习数据的搜寻、学习内容的掌握、学习的自我激励、积极的自我概念、学习伙伴的寻求等各层面之无任何差异。

2）年龄方面

以不同年龄的成人在网络人自我调控学习素养上实施单因子变异数分析，其结果如表 4-1-28 所示，分述如下。

表 4-1-28　不同年龄的成人在网络自我调控学习素养上变异数分析摘要表

层　面	组　别	个　数	平　均　数	标　准　差	F　值	事后比较
学习过程的改进	1	4	18.50	3.00	0.84	
	2	38	20.13	2.82		
	3	93	20.37	2.39		
	4	36	20.67	2.96		
	5	8	21.13	3.60		
学习数据的搜寻	1	4	16.75	3.40	0.62	
	2	38	15.79	2.72		
	3	93	16.03	2.55		
	4	36	15.33	2.60		
	5	8	15.50	2.62		
学习内容的掌握	1	4	15.50	3.87	0.23	
	2	38	15.68	2.78		
	3	93	15.76	2.41		
	4	36	15.28	2.58		
	5	8	15.75	3.69		
学习的自我激励	1	4	18.50	4.51	0.69	
	2	38	19.63	3.13		
	3	93	19.86	3.09		
	4	36	20.11	2.76		
	5	8	18.38	4.87		
积极的自我概念	1	4	16.00	2.94	1.52	
	2	38	18.68	3.40		
	3	93	18.63	3.95		
	4	36	19.67	3.51		
	5	8	20.63	4.90		

续表

层　面	组　别	个　数	平 均 数	标 准 差	F 值	事后比较
学习伙伴 的寻求	1	4	18.50	5.80	0.58	
	2	38	19.71	3.09		
	3	93	19.94	3.33		
	4	36	20.19	3.35		
	5	8	18.50	5.43		
整体自我 调控学习 素养	1	4	103.75	16.00	0.30	
	2	38	109.63	12.84		
	3	93	110.59	13.12		
	4	36	111.25	14.02		
	5	8	109.88	23.22		

注：$N=179$。

其中各组别的含义是：第 1 组为 24 岁以下；第 2 组为 25～34 岁；第 3 组为 35～44 岁；第 4 组为 45～54 岁；第 5 组为 55～64 岁。

(1) 在"学习过程的改进"($t=0.84$，$p>0.05$)、"学习数据的搜寻"($t=0.62$，$p>0.05$)、"学习内容的掌握"($t=0.23$，$p>0.05$)、"学习的自我激励"($t=0.69$，$p>0.05$)、"积极的自我概念"($t=1.52$，$p>0.05$)、"学习伙伴的寻求"($t=0.58$，$p>0.05$)六个层面表明：不同年龄在这六个层面上看法并无显著差异，显示不因年龄的不同而有所差异。

(2) 在"整体自我调控学习素养"层面表明：不同年龄在整体自我调控学习素养看法上并无显著差异($t=0.30$，$p>0.05$)，显示不因年龄的不同，而在整体自我调控学习素养看法上有所差异。

综合以上得知，不同的年龄在成人网络人自我调控学习素养上，对学习过程的改进、学习数据的搜寻、学习内容的掌握、学习的自我激励、积极的自我概念、学习伙伴的寻求及整体上等各层面之无任何差异。

3) 学院别方面

以不同学院别的成人在网络自我调控学习素养上实施单因子变异数分析，其结果如表 4-1-29 所示，分述如下。

表 4-1-29　不同学院别成人在网络自我调控学习素养上变异数分析摘要表

层　面	组　别	个　数	平 均 数	标 准 差	F 值	事后比较
学习过程 的改进	1	49	20.41	2.52	0.90	
	2	89	20.08	2.82		
	3	14	21.36	2.85		
	4	9	22.00	2.00		
	5	3	20.00	0		

续表

层　面	组　别	个　数	平 均 数	标 准 差	F 值	事后比较
学习过程的改进	6	2	20.00	2.83	0.90	
	7	2	21.00	4.24		
	8	5	20.60	2.70		
	9	6	19.50	1.98		
学习数据的搜寻	1	49	15.29	2.92	1.07	
	2	89	16.04	2.54		
	3	14	15.93	2.59		
	4	9	16.56	1.74		
	5	3	14.33	2.31		
	6	2	13.50	2.12		
	7	2	16.50	2.12		
	8	5	17.60	2.51		
	9	6	15.67	1.86		
学习内容的掌握	1	49	15.27	2.64	0.98	
	2	89	15.74	2.73		
	3	14	15.36	2.65		
	4	9	16.78	1.86		
	5	3	14.67	1.16		
	6	2	14.00	0		
	7	2	17.00	2.83		
	8	5	17.60	1.82		
	9	6	15.17	1.60		
学习的自我激励	1	49	19.65	3.27	0.37	
	2	89	19.74	3.25		
	3	14	19.29	3.10		
	4	9	21.00	3.46		
	5	3	20.33	1.53		
	6	2	20.00	0		
	7	2	21.00	4.24		
	8	5	20.60	2.41		
	9	6	18.83	2.23		
积极的自我概念	1	49	18.33	4.62	0.79	
	2	89	18.98	3.57		
	3	14	19.64	3.27		
	4	9	20.67	3.16		

续表

层　面	组　别	个　数	平　均　数	标　准　差	F　值	事后比较
积极的自我概念	5	3	16.67	0.58	0.79	
	6	2	20.50	0.71		
	7	2	20.50	6.36		
	8	5	19.20	3.11		
	9	6	17.33	2.88		
学习伙伴的寻求	1	49	19.96	3.02	0.23	
	2	89	19.60	3.57		
	3	14	20.29	3.87		
	4	9	20.00	5.39		
	5	3	20.00	2.00		
	6	2	19.50	0.71		
	7	2	19.00	5.66		
	8	5	21.20	2.59		
	9	6	20.50	2.26		
整体自我调控学习素养	1	49	108.90	13.90	0.60	
	2	89	110.18	14.11		
	3	14	111.86	16.42		
	4	9	117.00	10.64		
	5	3	106.00	2.65		
	6	2	107.50	4.95		
	7	2	115.00	25.46		
	8	5	116.80	11.37		
	9	6	107.00	6.96		

注：$N=179$。

其中各组别的含义是：1.文学院；2.法学院；3.商学院；4.理学院；5.工学院；6.农学院；7.医学院；8.管理学院；9.其他学院。

(1) 在"学习过程的改进"($t=0.90$，$p>0.05$)、"学习数据的搜寻"($t=1.07$，$p>0.05$)、"学习内容的掌握"($t=0.98$，$p>0.05$)、"学习的自我激励"($t=0.37$，$p>0.05$)、"积极的自我概念"($t=0.79$，$p>0.05$)、"学习伙伴的寻求"($t=0.23$，$p>0.05$)六个层面表明：不同学院别在这六个层面上，看法并无显著差异，显示不因年龄的不同而有所差异。

(2) 在"整体自我调控学习素养"层面表明：不同学院别在整体自我调控学习素养看法上并无显著差异($t=0.60$，$p>0.05$)，显示不因学院别的不同，而在整体自我调控学习素养看法上有所差异。

综合以上得知，不同学院别的成人在网络人自我调控学习素养上，对学习过程的改进、学习数据的搜寻、学习内容的掌握、学习的自我激励、积极的自我概念、学习伙伴的寻求及整体上等各层面无任何差异。

4） 职业方面

以不同职业的成人在网络自我调控学习素养上实施单因子变异数分析，其结果如表 4-1-30 所示，分述如下。

表 4-1-30　不同职业的成人在网络自我调控学习素养上变异数分析摘要表

层　面	组　别	个　数	平 均 数	标 准 差	F　值	事后比较
学习过程的改进	1	8	20.38	2.72	0.81	8>10
	2	18	21.17	2.56		
	3	6	18.83	2.93		
	4	76	20.03	2.83		
	5	12	20.83	2.86		
	6	4	20.50	2.08		
	7	31	20.26	2.49		
	8	11	21.09	2.39		
	9	10	21.00	2.67		
	10	3	21.67	1.16		
学习数据的搜寻	1	8	15.88	2.95	0.96	
	2	18	15.44	2.98		
	3	6	14.00	2.10		
	4	76	15.82	2.64		
	5	12	14.92	3.20		
	6	4	15.75	2.63		
	7	31	16.29	2.51		
	8	11	16.45	1.70		
	9	10	16.10	2.18		
	10	3	18.00	1.00		
学习内容的掌握	1	8	16.25	2.49	1.34	
	2	18	15.06	2.69		
	3	6	13.17	3.31		
	4	76	15.66	2.66		
	5	12	16.08	2.71		
	6	4	15.25	1.50		
	7	31	15.90	2.59		
	8	11	16.18	1.54		
	9	10	15.00	2.45		
	10	3	18.33	1.16		

续表

层　面	组　别	个　数	平　均　数	标　准　差	F　值	事后比较
学习的自我激励	1	8	19.50	2.78	2.53**	4>3
	2	18	19.17	3.28		
	3	6	14.50	4.09		
	4	76	20.04	2.94		
	5	12	20.42	2.64		
	6	4	19.25	4.35		
	7	31	19.84	3.18		
	8	11	19.91	2.91		
	9	10	20.40	2.50		
	10	3	22.33	1.53		
积极的自我概念	1	8	18.88	4.49	1.43	
	2	18	17.67	5.19		
	3	6	15.33	3.20		
	4	76	19.11	3.45		
	5	12	19.92	3.29		
	6	4	19.25	2.50		
	7	31	18.19	4.10		
	8	11	20.09	3.24		
	9	10	20.40	2.95		
	10	3	20.67	3.79		
学习伙伴的寻求	1	8	18.38	3.54	1.19	
	2	18	20.22	3.06		
	3	6	16.50	4.72		
	4	76	19.75	3.11		
	5	12	19.83	3.74		
	6	4	22.00	2.45		
	7	31	20.10	3.33		
	8	11	20.18	4.07		
	9	10	21.10	3.41		
	10	3	19.67	7.57		
整体自我调控学习素养	1	8	109.25	15.16	1.60	
	2	18	108.72	15.02		
	3	6	92.33	17.19		
	4	76	110.39	13.23		
	5	12	112.00	14.52		
	6	4	112.00	12.11		

续表

层 面	组 别	个 数	平 均 数	标 准 差	F 值	事后比较
整体自我 调控学习 素养	7	31	110.58	13.36	1.60	
	8	11	113.91	11.62		
	9	10	114.00	11.28		
	10	3	120.67	12.01		

注：$N=179$，$**p<0.01$。

各组别的含义是：1.无业；2.家管；3.军警；4.公务人员/机构工作人员；5.学校教师及行政人员；6.农渔；7.劳工/事业单位工作人员；8.商业；9.自由业；10.学生。

(1) 在"学习过程的改进"（$t=0.81$，$p>0.05$）、"学习数据的搜寻"（$t=0.96$，$p>0.05$）、"学习内容的掌握"（$t=1.34$，$p>0.05$）、"积极的自我概念"（$t=1.43$，$p>0.05$）、"学习伙伴的寻求"（$t=1.19$，$p>0.05$）、"整体自我调控学习素养"（$t=1.60$，$p>0.05$)六个层面表明：不同职业成人在网络自我调控学习素养上无显著差异，显示不因职业的不同，而有所差异。

(2) 在"学习的自我激励"层面表明：不同职业在学习的自我激励看法上有显著差异($t=2.53$，$p<0.05$)，显示因职业的不同，而在学习的自我激励看法上有所差异。再经 Scheff 'e 法进行事后比较得知，"公务人员/机构工作人员"组显著高于"军警"组。

综合以上得知，不同职业别的成人在网络人自我调控学习素养上，对学习过程的改进、学习数据的搜寻、学习内容的掌握、积极的自我概念、学习伙伴的寻求及整体上等各层面无任何差异。但在"学习的自我激励"层面上，"公务人员/机构工作人员"组显著高于"军警"组。公务人员及机构工作人员的自我进修的素养，台湾在大力倡导终身教育的努力下已有良好的成果。

5) 机构别方面

以不同机构别的成人在网络自我调控学习素养上实施单因子变异数分析，其结果如表 4-1-31，分述如下。

表 4-1-31 不同机构别成人在网络自我调控学习素养上变异数分析摘要表

层 面	组 别	个 数	平 均 数	标 准 差	F 值	事后比较
学习过程 的改进	1	3	19.33	5.51	0.23	
	2	2	20.50	2.12		
	3	174	20.39	2.63		
学习数据 的搜寻	1	3	14.00	2.65	1.16	
	2	2	17.50	2.12		
	3	174	15.84	2.61		

续表

层　面	组　别	个　数	平 均 数	标 准 差	F　值	事后比较
学习内容的掌握	1	3	12.67	4.93	2.04	
	2	2	16.00	2.83		
	3	174	15.69	2.54		
学习的自我激励	1	3	16.33	7.23	1.84	
	2	2	19.50	6.36		
	3	174	19.83	3.02		
积极的自我概念	1	3	17.00	7.00	0.38	
	2	2	18.50	3.54		
	3	174	18.92	3.77		
学习伙伴的寻求	1	3	16.33	7.23	1.83	
	2	2	21.50	4.95		
	3	174	19.89	3.34		
整体自我调控学习素养	1	3	95.67	33.47	1.80	
	2	2	113.50	21.92		
	3	174	110.55	13.21		

注：$N=179$。

各组别的含义是：1.广播电视大学；2.网络教育学院；3.公开(开放、空中)大学。

(1) 在"学习过程的改进"($t=0.23$，$p>0.05$)、"学习数据的搜寻"($t=1.16$，$p>0.05$)、"学习内容的掌握"($t=2.04$，$p>0.05$)、"学习的自我激励"($t=1.84$，$p>0.05$)、"积极的自我概念"($t=0.38$，$p>0.05$)、"学习伙伴的寻求"($t=1.83$，$p>0.05$)六个层面表明：不同机构别的成人在网络自我调控学习素养上无显著差异，显示不因机构类别的不同，而有所差异。

(2) 在"整体自我调控学习素养"层面表明：不同机构别在整体自我调控学习素养看法上并无显著差异($t=1.80$，$p>0.05$)，显示不因机构别的不同，而在整体自我调控学习素养看法上有所差异。

综合以上得知，不同机构别的成人在网络人自我调控学习素养上，对学习过程的改进、学习数据的搜寻、学习内容的掌握、学习的自我激励、积极的自我概念、学习伙伴的寻求及整体上等各层面无任何差异。

6) 学生数方面

以不同学生数的成人在网络自我调控学习素养上实施单因子变异数分析，其结果如表4-1-32所示，分述如下。

表 4-1-32　不同学生数的成人在网络自我调控学习素养上变异数分析摘要表

层　面	组　别	个　数	平均数	标准差	F 值	事后比较
学习过程的改进	3	97	20.13	2.70	1.64	
	4	82	20.65	2.62		
学习数据的搜寻	3	97	15.95	2.51	0.42	
	4	82	15.70	2.73		
学习内容的掌握	3	97	15.73	2.63	0.25	
	4	82	15.54	2.57		
学习的自我激励	3	97	19.76	3.10	0.00	
	4	82	19.77	3.22		
积极的自我概念	3	97	18.95	3.44	0.06	
	4	82	18.80	4.22		
学习伙伴的寻求	3	97	19.55	3.57	1.59	
	4	82	20.20	3.26		
整体自我调控学习素养	3	97	110.07	13.19	0.08	
	4	82	110.65	14.44		

注：N=179。

各组别的含义是：第 3 组为 5001～10000 人；第 4 组为：10001～15000 人。

(1) 在"学习过程的改进"（t=1.64，p>0.05）、"学习数据的搜寻"（t=0.42，p>0.05）、"学习内容的掌握"（t=0.25，p>0.05）、"学习的自我激励"（t=0.00，p>0.05）、"积极的自我概念"（t=0.06，p>0.05）、"学习伙伴的寻求"（t=1.59，p>0.05）六个层面表明：不同学生数的成人在网络自我调控学习素养上无显著差异，显示不因学生数的不同，而有所差异。

(2) 在"整体自我调控学习素养"层面表明：不同学生数在整体自我调控学习素养看法上并无显著差异（t=0.08，p>0.05），显示不因学生数的不同，而在整体自我调控学习素养看法上有所差异。

综合以上得知，不同学生数的成人在网络人自我调控学习素养上，对学习过程的改进、学习数据的搜寻、学习内容的掌握、学习的自我激励、积极的自我概念、学习伙伴的寻求及整体上等各层面无任何差异。

总结台湾学习者在职业方面，在网络自我调控学习素养上有显著的差异，对本研究假设小部分支持，本研究工具对于台湾成人网络自我调控学习素养上的适用性，有待研议。针对台湾学习者的问卷有效数为 179 份，被问卷的对象大致是公务人员/机构工作人员。但是根据不同地区的社会人口变项所做的差异比较，对其在理论上内容层面的具体建构以及实务上对成人的个别检视及教导运用，都具

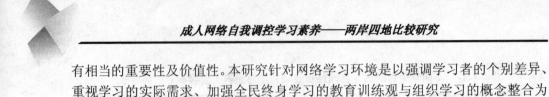

有相当的重要性及价值性。本研究针对网络学习环境是以强调学习者的个别差异、重视学习的实际需求、加强全民终身学习的教育训练观与组织学习的概念整合为重点。

由以上两岸四地成人在网络自我调控学习素养上，就研究假设一，所得知的显著差异而言，大陆学习者在性别、年龄、职业、学生数等方面，对网络自我调控学习素养上有显著的差异，对本研究的研究假设一大部分支持；香港、澳门的学习者在学习机构方面，在网络自我调控学习素养上有显著的差异，对本研究的研究假设小部分支持；台湾学习者在职业方面，在网络自我调控学习素养上有显著的差异，对本研究的研究假设一部分支持。

随着网络的普及化，两岸四地的成人学习者逐渐改变着学习的方式，所追求的学习方式不再局限于书本、课堂、电视、广播等传统的手段，而学习的内容更为多元化，以满足专业智能以外的知识需求。学习者能借着互联网自我调控学习，成为近几年来的热门需求，使得互联网成为远程教学、终生学习、普及教育的一个重要学习方式。

第二节　两岸四地全体成人网络自我调控学习素养分析与讨论

本节旨在陈述两岸四地全体成人网络自我调控学习素养的研究结果的分析与讨论；经问卷结果整理后，将不同背景变项对全体成人网络自我调控学习素养上的差异，实施综合分析与讨论。

1. 两岸四地全体成人网络自我调控学习素养的有效样本特性的分布情形

两岸四地全体成人网络自我调控学习素养的有效样本特性的分布情形，如表4-2-1，分述如下。

表 4-2-1　两岸四地全体成人在网络自我调控学习素养上有效样本特性的分布情形一览表

背景变项	个人基本资料	人　数	百分比/%	顺　位
性别	男性	600	43.4	2
	女性	782	56.6	1
年龄	24 岁以下	499	36.1	2
	25～34 岁	590	42.7	1
	35～44 岁	227	16.4	3
	45～54 岁	49	3.5	4
	55～64 岁	17	1.2	5

续表

背景变项	个人基本资料	人 数	百分比/%	顺 位
学院类别	文学院	94	6.8	6
	法学院	145	10.5	3
	商学院	129	9.3	4
	理学院	114	8.2	5
	工学院	75	5.4	7
	农学院	3	0.2	9
	医学院	45	3.3	8
	管理学院	468	33.9	1
	其他学院	309	22.4	2
职业	无业	33	2.4	7
	家管	27	2.0	8
	军警	16	1.2	9
	公务人员/机构工作人员	137	9.9	4
	学校教师及行政人员	93	6.7	6
	农渔	10	0.7	10
	劳工/事业单位工作人员	451	32.6	1
	商业	217	15.7	3
	自由业	125	9.0	5
	学生	273	19.8	2
机构类别	广播电视大学	10	0.7	4
	网络教育学院	1044	75.5	1
	公开	261	18.9	2
	其他网络学习形态	67	4.8	3
学生数	2000 人以下	358	25.9	1
	2001～5000 人	226	16.4	4
	5001～10000 人	161	11.6	5
	10001～15000 人	119	8.6	6
	15001～20000 人	269	19.5	2
	20001 人以上	249	18.0	3
满意度	非常满意	210	15.2	3
	满意	631	45.7	1
	普通	415	30.0	2
	不满意	84	6.1	4
	非常不满意	42	3.0	5

注：N=1382。

由表 4-2-1 可知，本研究两岸四地全体成人网络自我调控学习素养之有效样本的分布情形，分析如下：

(1) 依性别区分：男性有 600 人(43.4%)，女性有 782 人(56.6%)，女性多于男性。

(2) 依年龄区分：25～34 岁人数最多，共 590 人(42.7%)，其次依序为 24 岁以下有 499 人(36.1%)、35～44 岁有 227 人(16.4%)、45～54 岁有 49 人(3.5%)、55～64 岁有 17 人(1.2%)。

(3) 依学院类别区分：管理学院人数最多，共 468 人(33.9%)，其次依序为其他学院有 309 人(22.4%)、法学院有 145 人(10.5%)、商学院有 129 人(9.3%)、理学院有 114 人(8.2%)、文学院有 94 人(6.8%)、工学院有 75 人(5.4%)、医学院有 45 人(3.3%)、农学院有 3 人(0.2%)。

(4) 依职业区分：劳工/事业单位工作人员人数最多，共 451 人(32.6%)，其次依序为学生有 273 人(19.8%)、商业有 217 人(15.7%)、公务人员有 137 人(9.9%)、自由业有 125 人(9.0%)、学校教师及行政人员有 93 人(6.7%)、无业有 33 人(2.4%)、家管有 27 人(2.0%)、军警有 16 人(1.2%)、农渔有 10 人(0.7%)。

(5) 依机构类别区分：网络教育学院人数最多，共 1044 人(75.5%)，其次依序为公开有 261 人(18.9%)、其他网络学习形态有 67 人(4.8%)、广播电视大学有 10 人(0.7%)。

(6) 依学生数区分：2000 人以下人数最多，共 358 人(25.9%)，其次依序为 15001～20000 人有 269 人(19.5%)、20001 人以上有 249 人(18.0%)、2001～5000 人有 226 人(16.4%)、5001～10000 人有 161 人(11.6%)、10001～15000 人有 119 人(8.6%)。

(7) 依满意度区分：满意人数最多，共 631 人(45.7%)，其次依序为普通有 415 人(30.0%)、非常满意有 210 人(15.2%)、不满意有 84 人(6.1%)、非常不满意有 42 人(3.0%)。

2. 两岸四地全体成人在网络自我调控学习素养上的现况分析

两岸四地全体成人在网络自我调控学习素养上的现况，分述如表 4-2-2。

表 4-2-2　两岸四地全体成人在网络自我调控学习素养上的现况分析表

层面名称	平均数	标准差	题数	每题平均得分
学习过程的改进	19.67	3.18	5	3.93
学习数据的搜寻	15.26	2.93	4	3.82
学习内容的掌握	15.27	2.64	4	3.82
学习的自我激励	19.13	3.32	5	3.83
积极的自我概念	19.11	3.61	5	3.82
学习伙伴的寻求	19.65	3.60	5	3.93
整体自我调控学习素养	108.11	14.36	28	3.86

(1) 在成人网络自我调控学习素养各层面与整体上，每题平均得分都大于 3.50 分，显示两岸四地成人网络自我调控学习素养的现况，已具有一定的基础。

(2) 各层面与整体的每题平均得分在 3.82 与 3.93 之间，彼此差异不大，可见两岸四地的成人在使用网络学习时，在学习过程的改进、学习数据的搜寻、学习内容的掌握、学习的自我激励、积极的自我概念、学习伙伴的寻求与整体自我调控学习素养上的现况感受情形大致良好。

3. 两岸四地全体不同背景变项的成人在网络自我调控学习素养上的差异

以两岸四地全体不同背景变项对学习过程的改进、学习数据的搜寻、学习内容的掌握、学习的自我激励、积极的自我概念、学习伙伴的寻求等各层面之差异，分述如下。

1) 性别方面

以不同性别的全体成人在网络自我调控学习素养上实施独立 t 检验，其结果如表 4-2-3，分述如下。

表 4-2-3　不同性别的全体成人在网络自我调控学习素养上 t 检验摘要表

层　面	性　别	个　数	平 均 数	标 准 差	t 值
学习过程的改进	男	600	19.79	3.28	1.23
	女	782	19.58	3.10	
学习数据的搜寻	男	600	15.76	2.83	5.52***
	女	782	14.89	2.96	
学习内容的掌握	男	600	15.37	2.87	1.13
	女	782	15.20	2.46	
学习的自我激励	男	600	19.07	3.45	−0.59
	女	782	19.18	3.23	
积极的自我概念	男	600	19.13	3.79	0.14
	女	782	19.10	3.47	
学习伙伴的寻求	男	600	19.35	3.74	−2.77**
	女	782	19.89	3.47	
整体自我调控学习素养	男	600	108.47	14.92	0.80
	女	782	107.84	13.92	

注：$N=1382$，**$p<0.01$，***$p<0.001$。

(1) 在"学习过程的改进"（$t=1.23$，$p>0.05$）、"学习内容的掌握"（$t=1.13$，

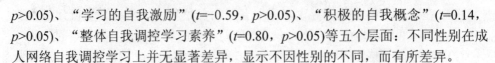

$p>0.05$)、"学习的自我激励"($t=-0.59$，$p>0.05$)、"积极的自我概念"($t=0.14$，$p>0.05$)、"整体自我调控学习素养"($t=0.80$，$p>0.05$)等五个层面：不同性别在成人网络自我调控学习上并无显著差异，显示不因性别的不同，而有所差异。

(2) 在"学习数据的搜寻"层面：不同性别在学习数据的搜寻看法上有显著差异($t=5.52$，$p<0.05$)，显示因性别的不同，而在学习数据的搜寻看法上有所差异。

(3) 在"学习伙伴的寻求"层面：不同性别在学习伙伴的寻求看法上有显著差异($t=-2.77$，$p<0.05$)，显示因性别的不同，而在学习伙伴的寻求看法上有所差异。素养看法上也有所差异。

综合以上得知，两岸四地全体成人在网络自我调控学习素养上，在"学习数据的搜寻"男生高于女生，在"学习伙伴的寻求"女生高于男生。与杨洁欣(2003) "寿险业内勤人员工作轮调自我调控学习与工作满意度之关系研究"的性别方面上，在"学习内容的掌握"、"学习数据的搜寻"、"积极的自我概念"、"学习的自我激励"及"自我调控学习"上有概略相同之结果。

两岸四地的男生在学习数据的搜寻方面会高于女生，是因为男生对于网络的使用、网络的操作和搜寻数据要比女生强及需求更多，所以男生的需求度比较高。而女生在学习伙伴的寻求高于男生，主要是网络的学习是个人的学习，女生在网络的学习上，如果没有伙伴则感到没有安全感，学习上比较有障碍，因此女生在学习伙伴的寻求上高过于男生的需求。

2) 年龄方面

以不同年龄之全体成人在网络自我调控学习素养上实施单因子变异数分析，其结果如表 4-2-4，分述如下。

表 4-2-4　不同年龄之全体成人在网络自我调控学习素养上变异数分析摘要表

层　面	组　别	个　数	平均数	标准差	F　值	事后比较
学习过程的改进	1	499	19.07	3.43	8.72***	2>1 3>1 5>1
	2	590	19.91	3.05		
	3	227	20.08	2.72		
	4	49	20.22	2.97		
	5	17	21.82	2.79		
学习数据的搜寻	1	499	15.14	3.02	0.71	
	2	590	15.36	2.97		
	3	227	15.24	2.77		
	4	49	15.24	2.50		
	5	17	16.06	2.38		

续表

层 面	组 别	个 数	平 均 数	标 准 差	F 值	事后比较
学习内容的掌握	1	499	15.16	2.80	0.60	
	2	590	15.28	2.61		
	3	227	15.41	2.35		
	4	49	15.51	2.54		
	5	17	15.71	2.91		
学习的自我激励	1	499	18.94	3.72	2.21	
	2	590	19.08	3.13		
	3	227	19.53	2.97		
	4	49	20.02	2.58		
	5	17	18.82	3.63		
积极的自我概念	1	499	19.30	3.69	0.62	
	2	590	19.02	3.55		
	3	227	18.93	3.48		
	4	49	19.12	4.08		
	5	17	19.41	3.74		
学习伙伴的寻求	1	499	19.49	3.85	3.31**	
	2	590	20.02	3.38		
	3	227	19.19	3.48		
	4	49	19.49	3.61		
	5	17	18.41	4.02		
整体自我调控学习素养	1	499	107.10	15.45	1.10	
	2	590	108.68	13.86		
	3	227	108.39	12.96		
	4	49	109.61	13.84		
	5	17	110.24	17.12		

注：$N=1382$，$**p<0.01$，$***p<0.001$。

各组别的含义是：第 1 组为 24 岁以下；第 2 组为 25～34 岁；第 3 组为 35～44 岁；第 4 组为 45～54 岁；第 5 组为 55～64 岁；第 6 组 65 岁以上。

(1) 在"学习过程的改进"层面：不同年龄在学习过程的改进看法上有显著差异($t=4.93$，$p<0.05$)，显示因年龄的不同，而在学习过程的改进看法上有所差异。再经 Scheff'e 法进行事后比较得知，"25～34 岁"组显著高于"24 岁以下"组；"35～44 岁"组显著高于"24 岁以下"组；"55～64 岁"组显著高于"24 岁以下"组。

(2) 在"学习伙伴的寻求"层面：不同年龄在学习伙伴的寻求看法上有显著差异($t=2.70$，$p<0.05$)，显示因年龄的不同，而在学习伙伴的寻求看法上有所差异。再经 Scheff'e 法进行事后比较得知，并无显著差异。

(3) 在"学习数据的搜寻"($t=0.32$，$p>0.05$)、"学习内容的掌握"($t=0.30$，$p>0.05$)、"学习的自我激励"($t=2.11$，$p>0.05$)、"积极的自我概念"($t=1.97$，$p>0.05$)、"整体自我调控学习素养"($t=0.27$，$p>0.05$)五个层面表明：不同年龄在两岸四地的成人网络自我调控学习素养上并无显著差异，显示不因年龄的不同，而有所差异。

综合以上得知，两岸四地全体成人在网络自我调控学习素养上，在"学习过程的改进"，"25～34 岁"组显著高于"24 岁以下"组，"35～44 岁"组显著高于"24 岁以下"组，"55～64 岁"组显著高于"24 岁以下"组。显见两岸四地的成人在"24 岁以下"组在学习过程的改进上比较差一点。与区衿绫(2006)"成人在线学习者自我调控学习与学习支持需求关系研究"，在年龄上"学习内容的掌握"、"积极的自我概念"、"学习的自我激励"、"学习过程的改进"及整体上均达显著，而有小部分相同，尤以"20～29 岁"组年龄自我调控学习的表现较低。

两岸四地的年轻人在自我调控的学习上"学习过程的改进"明显的不够积极，或许是两岸四地的年轻人在学习的心态上会因学习的机会比较多、或因学习的经验不够丰富，而造成在学习的过程中不知道如何改进。

3) 学院类别方面

以不同学院别的全体成人在网络自我调控学习素养上实施单因子变异数分析，其结果如表 4-2-5，分述如下。

表 4-2-5　不同学院别全体成人在网络自我调控学习素养上的变异数分析摘要表

层　面	组　别	个　数	平 均 数	标 准 差	F 值	事后比较
学习过程的改进	1	94	19.34	3.08	4.38***	2>5 3>5 4>5 8>5 9>5
	2	145	19.87	2.90		
	3	129	19.74	2.64		
	4	114	20.40	2.91		
	5	75	17.87	4.23		
	6	3	19.00	2.65		
	7	45	19.36	2.51		
	8	468	19.86	3.14		
	9	309	19.59	3.34		
学习数据的搜寻	1	94	15.12	2.81	2.44*	
	2	145	16.00	2.75		
	3	129	15.56	2.60		
	4	114	14.75	3.23		

续表

层 面	组 别	个 数	平 均 数	标 准 差	F 值	事后比较
学习数据的搜寻	5	75	15.27	3.32	2.44*	
	6	3	13.33	1.53		
	7	45	14.42	3.51		
	8	468	15.22	2.73		
	9	309	15.24	3.13		
学习内容的掌握	1	94	15.06	2.48	3.31***	
	2	145	15.91	2.60		
	3	129	15.40	2.74		
	4	114	14.67	2.42		
	5	75	14.48	3.07		
	6	3	14.33	0.58		
	7	45	14.64	2.47		
	8	468	15.33	2.64		
	9	309	15.41	2.61		
学习的自我激励	1	94	18.96	2.99	3.30***	
	2	145	19.58	3.19		
	3	129	19.61	2.73		
	4	114	19.63	3.18		
	5	75	17.80	3.79		
	6	3	19.67	0.58		
	7	45	18.24	3.23		
	8	468	19.25	3.37		
	9	309	18.87	3.50		
积极的自我概念	1	94	18.32	3.81	2.19*	
	2	145	19.08	3.44		
	3	129	20.03	3.17		
	4	114	19.45	3.09		
	5	75	18.84	3.45		
	6	3	19.67	1.53		
	7	45	18.44	3.85		
	8	468	19.20	3.67		
	9	309	18.89	3.83		
学习伙伴的寻求	1	94	19.49	3.11	2.64**	
	2	145	19.70	3.29		
	3	129	19.51	3.21		

续表

层　面	组　别	个　数	平均数	标准差	F　值	事后比较
学习伙伴的寻求	4	114	20.16	3.37	2.64**	
	5	75	18.25	4.24		
	6	3	20.33	1.53		
	7	45	18.84	3.77		
	8	468	19.99	3.72		
	9	309	19.50	3.66		
整体自我调控学习素养	1	94	106.29	12.64	3.01**	
	2	145	110.14	13.80		
	3	129	109.85	12.66		
	4	114	109.05	13.04		
	5	75	102.51	15.11		
	6	3	106.33	4.04		
	7	45	103.96	14.03		
	8	468	108.85	14.41		
	9	309	107.50	15.63		

注：$N=1382$，*$p<0.05$，***$p<0.001$。

各组别的含义是：1.文学院；2.法学院；3.商学院；4.理学院；5.工学院；6.农学院；7.医学院；8.管理学院；9.其他学院。

(1) 在"学习过程的改进"层面表明：不同学院别在学习过程的改进看法上有显著差异($t=4.38$，$p<0.05$)，显示因学院别的不同，而在学习过程的改进看法上有所差异。再经 Scheff'e 法进行事后比较得知，"法学院"组显著高于"工学院"组；"商学院"组显著高于"工学院"组；"理学院"组显著高于"工学院"组；"管理学院"组显著高于"工学院"组；"其他学院"组显著高于"工学院"组。

(2) 在"学习数据的搜寻"($t=2.44$，$p<0.05$)、"学习内容的掌握"($t=3.31$，$p<0.05$)、"学习的自我激励"($t=3.30$，$p<0.05$)、"积极的自我概念"($t=2.19$，$p<0.05$)、"学习伙伴的寻求"($t=2.64$，$p<0.05$)、"整体自我调控学习素养"($t=3.01$，$p<0.05$)六个层面表明：不同学院别在成人网络自我调控学习素养上有显著差异。再经 Scheff'e 法进行事后比较得知，并无显著差异。

综合以上得知，两岸四地的全体成人在网络自我调控学习素养上，在"学习过程的改进"上，"法学院"组显著高于"工学院"组；"商学院"组显著高于"工学院"组；"理学院"组显著高于"工学院"组；"管理学院"组显著高于"工学院"组；"其他学院"组显著高于"工学院"组。显见两岸四地的成人在学习过程的改进上，"工学院"组比较差一点。与陈铭村(2004)"成人网络学习者学习风格自我调控学习与学习成效之关系"在学院别上"学习数据搜寻"及整体上有概略不相同。

工学院的学生在学习的思考上，大致上有一定的模式及思维，所以在"学习过程的改进"上不比商学院、理学院、管理学院及法学院的思维要复杂，而不需太多改进的学习。

4)　职业方面

以不同职业全体成人在网络自我调控学习素养上实施单因子变异数分析，其结果如表 4-2-6，分述如下。

表 4-2-6　不同职业的全体成人在网络自我调控学习素养上的变异数分析摘要表

层　面	组　　别	个　数	平　均　数	标　准　差	F　值	事后比较
学习过程 的改进	1	33	18.79	3.12	2.48**	
	2	27	20.19	3.15		
	3	16	18.31	2.94		
	4	137	19.66	2.91		
	5	93	19.85	2.51		
	6	10	19.60	3.27		
	7	451	19.91	2.96		
	8	217	19.94	3.38		
	9	125	19.92	2.90		
	10	273	19.04	3.70		
学习数据 的搜寻	1	33	14.76	2.49	2.76**	
	2	27	15.07	2.79		
	3	16	13.56	2.76		
	4	137	15.37	2.68		
	5	93	15.68	2.75		
	6	10	15.90	2.89		
	7	451	15.63	2.91		
	8	217	14.97	3.09		
	9	125	15.35	2.89		
	10	273	14.82	3.03		
学习内容 的掌握	1	33	15.09	2.44	2.79**	
	2	27	14.78	2.36		
	3	16	13.50	2.85		
	4	137	15.77	2.60		

续表

层　面	组　别	个　数	平均数	标准差	F　值	事后比较
学习内容的掌握	5	93	14.77	2.20	2.79**	
	6	10	16.40	2.37		
	7	451	15.45	2.67		
	8	217	15.36	2.43		
	9	125	15.33	2.90		
	10	273	14.95	2.77		
学习的自我激励	1	33	18.39	3.11	5.42***	4>3 4>5 7>5
	2	27	18.44	3.09		
	3	16	16.31	3.86		
	4	137	19.99	2.99		
	5	93	17.94	2.93		
	6	10	20.60	3.41		
	7	451	19.47	3.23		
	8	217	19.26	2.84		
	9	125	19.21	2.94		
	10	273	18.68	3.99		
积极的自我概念	1	33	18.76	3.52	6.92***	4>5 7>5 8>5 9>5 10>5
	2	27	17.19	4.39		
	3	16	16.00	3.54		
	4	137	19.56	3.60		
	5	93	17.10	3.06		
	6	10	20.80	2.82		
	7	451	19.51	3.32		
	8	217	19.00	3.57		
	9	125	19.30	2.92		
	10	273	19.29	4.14		
学习伙伴的寻求	1	33	19.21	3.16	2.61**	
	2	27	18.44	4.09		
	3	16	18.19	3.71		
	4	137	20.04	3.38		
	5	93	19.19	3.47		
	6	10	22.00	2.67		
	7	451	19.82	3.39		
	8	217	19.87	3.45		
	9	125	20.12	3.36		
	10	273	19.13	4.18		

续表

层　面	组　别	个　数	平均数	标准差	F　值	事后比较
整体自我调控学习素养	1	33	105.00	14.84	4.61***	
	2	27	104.11	15.03		
	3	16	95.88	13.49		
	4	137	110.39	14.23		
	5	93	104.53	12.17		
	6	10	115.30	13.53		
	7	451	109.79	13.70		
	8	217	108.38	13.20		
	9	125	109.22	13.30		
	10	273	105.90	16.49		

注：$N=1382$，***$p<0.001$。

各组别的含义是：1.无业；2.家管；3.军警；4.公务人员/机构工作人员；5.学校教师及行政人员；6.农渔；7.劳工/事业单位工作人员；8.商业；9.自由业；10.学生。

(1) 在"学习过程的改进"($t=2.48$，$p<0.05$)、"学习数据的搜寻"($t=2.76$，$p<0.05$)、"学习内容的掌握"($t=2.79$，$p<0.05$)、"学习伙伴的寻求"($t=2.61$，$p<0.05$)、"整体自我调控学习素养"($t=4.61$，$p<0.05$)五个层面表明：不同职业在成人网络自我调控学习素养上有显著差异，显示因职业的不同，而在学习过程的改进看法上有所差异。再经 Scheff'e 法进行事后比较得知，并无显著的差异。

(2) 在"学习的自我激励"层面：不同职业在学习的自我激励看法上有显著差异($t=5.42$，$p<0.05$)，显示因职业的不同，而在学习的自我激励看法上有所差异。再经 Scheff'e 法进行事后比较得知，"公务人员/机构工作人员"组显著高于"军警"组；"公务人员/机构工作人员"组显著高于"学校教师及行政人员"组；"劳工/事业单位工作人员"组显著高于"学校教师及行政人员"组。

(3) 在"积极的自我概念"层面：不同职业在积极的自我概念看法上有显著差异($t=6.92$，$p<0.05$)，显示因职业的不同，而在积极的自我概念看法上有所差异。再经 Scheff'e 法进行事后比较得知，"公务人员/机构工作人员"组显著高于"学校教师及行政人员"组；"劳工/事业单位工作人员"组显著高于"学校教师及行政人员"组；"自由业"组显著高于"学校教师及行政人员"组；"学生"组显著高于"学校教师及行政人员"组。

综合以上得知，两岸四地全体成人在网络自我调控学习素养上，在"学习的自我激励"上，"公务人员"组显著高于"军警"组、"公务人员"组显著高于"学校教师及行政人员"组、"劳工/事业单位工作人员"组显著高于"学校教师及行政人员"组；在"积极的自我概念"上"公务人员/机构工作人员"组显著高于"学校教师及行政人员"组;"劳工/事业单位工作人员"组显著高于"学校教师及行政人员"组;"自由业"组显著高于"学校教师及行政人员"组;"学生"组显著高于"学校教师及行政人员"组。显见"学校教师及行政人员"在"学习的自我激励"及"积极的自我概念"上比较差一点。与区衿绫(2006)"成人在线学习者自我调控学习与学习支持需求关系研究"在"学习内容的改进"、"学习内容的掌握"、"积极的自我概念"、"学习的自我激励"及"整体"上以无职业为最低,有大部分不相同。

两岸四地全体成人以"学校教师及行政人员"在"学习的自我激励"及"积极的自我概念"上比较差一点,其原因可能是学校教师及行政人员的工作比较安定且不用为"五斗米而折腰",在学习的心态上,则不够积极。

5) 机构别方面

以不同机构别全体成人在网络自我调控学习素养上实施单因子变异数分析,其结果如表 4-2-7,分述如下。

表 4-2-7　不同机构别全体成人在网络自我调控学习素养上变异数分析摘要表

层　面	组　别	个　数	平均数	标准差	F　值	事后比较
学习过程的改进	1	10	17.80	3.77	1.85	
	2	1044	19.70	3.25		
	3	261	19.51	3.05		
	4	67	20.10	2.08		
学习数据的搜寻	1	10	16.20	2.66	0.93	
	2	1044	15.20	3.00		
	3	261	15.44	2.82		
	4	67	15.48	2.20		
学习内容的掌握	1	10	14.20	2.82	1.58	
	2	1044	15.35	2.68		
	3	261	15.09	2.56		
	4	67	14.96	2.29		
学习的自我激励	1	10	18.50	4.06	0.17	
	2	1044	19.12	3.42		
	3	261	19.21	3.07		
	4	67	19.12	2.55		
积极的自我概念	1	10	16.30	6.13	9.08***	2>3
	2	1044	19.38	3.56		
	3	261	18.31	3.68		
	4	67	18.48	2.88		

续表

层　面	组　别	个　数	平　均　数	标　准　差	F　值	事后比较
学习伙伴的寻求	1	10	18.10	4.25	1.52	
	2	1044	19.75	3.69		
	3	261	19.45	3.45		
	4	67	19.19	2.41		
整体自我调控学习素养	1	10	101.10	20.52	1.64	
	2	1044	108.50	14.63		
	3	261	107.01	13.74		
	4	67	107.33	10.70		

注：$N=1382$，$**p<0.01$。

各组别的含义是：1.广播电视大学；2.网络教育学院；3.公开大学；4.其他网络学习形态。

(1) 在"学习过程的改进"（$t=1.85$，$p>0.05$）、"学习数据的搜寻"（$t=0.93$，$p>0.05$）、"学习内容的掌握"（$t=1.58$，$p>0.05$）、"学习的自我激励"（$t=0.17$，$p>0.05$）、"学习伙伴的寻求"（$t=1.52$，$p>0.05$）、"整体自我调控学习素养"（$t=1.64$，$p>0.05$）六个层面表明：不同机构别在成人网络自我调控学习素养上并无显著差异，显示不因机构别的不同，而看法上有所差异。

(2) 在"积极的自我概念"层面表明：不同机构别在积极的自我概念看法上有显著差异（$t=9.08$，$p<0.05$），显示因机构别的不同，而在积极的自我概念看法上有所差异。再经 Scheff'e 法进行事后比较得知，"网络教育学院"组显著高于"公开大学"组。

综合以上得知，两岸四地的全体成人在网络自我调控学习素养上，在"积极的自我概念"方面，"网络教育学院"组显著高于"公开大学"组。利用网络教育学院学习之成人，在自我学习的动机比较强烈，懂得利用时间及方法，安排自己在最有利的状况下，能自我调控学习；一切的学习都要靠自己安排规划，所以要使自己的学习有所成长，则在自我的概念上要积极，才可以拿到学校的文凭，且自己在社会及职业上可以受到肯定。

6) 学生数方面

以不同学生数的全体成人在网络自我调控学习素养上实施单因子变异数分析，其结果如表 4-2-8，分述如下。

表 4-2-8　不同学生数的全体成人在网络自我调控学习素养上变异数分析摘要表

层　面	组　别	个　数	平　均　数	标　准　差	F　值	事后比较
学习过程的改进	1	358	19.29	3.24	4.96***	5>1；5>2
	2	226	19.50	3.29		5>6

续表

层 面	组 别	个 数	平 均 数	标 准 差	F 值	事后比较
学习过程的改进	3	161	19.58	3.31	4.96***	5>1 5>2 5>6
	4	119	19.94	3.47		
	5	269	20.46	2.41		
	6	249	19.45	3.33		
学习数据的搜寻	1	358	14.97	3.41	1.05	
	2	226	15.55	2.64		
	3	161	15.55	2.96		
	4	119	15.19	2.72		
	5	269	15.31	2.68		
	6	249	15.23	2.77		
学习内容的掌握	1	358	14.95	2.74	8.10***	5>1 5>2 5>6
	2	226	15.12	2.68		
	3	161	15.46	2.71		
	4	119	15.29	2.58		
	5	269	16.10	1.74		
	6	249	14.86	3.06		
学习的自我激励	1	358	18.55	3.52	4.38***	5>1
	2	226	19.21	3.60		
	3	161	19.26	3.21		
	4	119	19.55	3.65		
	5	269	19.71	2.37		
	6	249	19.01	3.45		
积极的自我概念	1	358	19.24	3.58	0.81	
	2	226	18.97	3.73		
	3	161	19.03	3.36		
	4	119	18.82	4.26		
	5	269	19.41	3.08		
	6	249	18.94	3.89		
学习伙伴的寻求	1	358	19.03	3.56	8.81***	5>1；5>2 5>3；5>6
	2	226	19.51	3.83		
	3	161	19.53	3.65		
	4	119	20.27	3.31		
	5	269	20.75	2.69		
	6	249	19.28	4.08		

续表

层 面	组 别	个 数	平 均 数	标 准 差	F 值	事后比较
整体自我调控学习素养	1	358	106.02	14.31	5.60***	5>1；5>6
	2	226	107.87	15.08		
	3	161	108.42	14.01		
	4	119	109.05	14.96		
	5	269	111.74	10.25		
	6	249	106.76	16.66		

注：$N=1382$，***$p<0.001$。

各组别的含义是：第 1 组为 2000 人以下；第 2 组为 2001～5000 人；第 3 组为 5001～10000 人；第 4 组为 10001～15000 人；第 5 组为 15001～20000 人；第 6 组 20001 人以上。

(1) 在"学习过程的改进"层面表明：不同机构别在学习过程的改进看法上有显著差异($t=4.96$，$p<0.05$)，显示因机构别的不同，而在学习过程的改进看法上有所差异。再经 Scheff'e 法进行事后比较得知，"15001～20000 人"组显著高于"2000 人以下"组；"15001～20000 人"组显著高于"2001～5000 人"组；"15001～20000 人"组显著高于"20001 人以上"组。

(2) 在"学习内容的掌握"层面表明：不同学生数在学习内容的掌握看法上有显著差异($t=8.10$，$p<0.05$)，显示因学生数的不同，而在学习内容的掌握看法上有所差异。再经 Scheff'e 法进行事后比较得知，"15001～20000 人"组显著高于"2000 人以下"组；"15001～20000 人"组显著高于"2001～5000 人"组；"15001～20000 人"组显著高于"20001 人以上"组。

(3) 在"学习的自我激励"层面表明：不同学生数在学习的自我激励看法上有显著差异($t=4.38$，$p<0.05$)，显示因学生数的不同，而在学习的自我激励看法上有所差异。再经 Scheff'e 法进行事后比较得知，"15001～20000 人"组显著高于"2000 人以下"组。

(4) 在"学习伙伴的寻求"层面表明：不同学生数在学习伙伴的寻求看法上有显著差异($t=8.81$，$p<0.05$)，显示因学生数的不同，而在学习伙伴的寻求看法上有所差异。再经 Scheff'e 法进行事后比较得知，"15001～20000 人"组显著高于"2000 人以下"组；"15001～20000 人"组显著高于"2001～5000 人"组；"15001～20000 人"组显著高于"5001～10000 人"组；"15001～20000 人"组显著高于"20001 人以上"组。

(5) 在"学习数据的搜寻"($t=1.05$，$p>0.05$)及"积极的自我概念"($t=0.81$，$p>0.05$)层面表明：不同学生数在学习数据的搜索看法上并无显著差异，显示不因机构别的不同，而在积极的自我概念看法上有所差异。

(6) 在"整体自我调控学习素养"层面表明：不同学生数在整体自我调控学

习素养看法上有显著差异（$t=5.60$，$p<0.05$），显示因学生数的不同，而在整体自我调控学习素养看法上有所差异。再经 Scheff'e 法进行事后比较得知，"15001～20000人"组显著高于"2000人以下"组；"15001～20000人"组显著高于"20001人以上"组。

综合以上得知，两岸四地的全体成人在网络自我调控学习素养上，在"学习过程的改进"层面，"15001～20000人"组显著高于"2000人以下"组；"15001～20000人"组显著高于"2001～5000人"组；"15001～20000人"组显著高于"20001人以上"组。在"学习内容的掌握"层面，"15001～20000人"组显著高于"2000人以下"组；"15001～20000人"组显著高于"2001～5000人"组；"15001～20000人"组显著高于"20001人以上"组。在"学习的自我激励"层面，"15001～20000人"组显著高于"2000人以下"组。在"学习伙伴的寻求""15001～20000人"组显著高于"2000人以下"组；"15001～20000人"组显著高于"2001～5000人"组；"15001～20000人"组显著高于"5001～10000人"组；"15001～20000人"组显著高于"20001人以上"组。在"整体自我调控学习素养"层面，"15001～20000人"组显著高于"2000人以下"组；"15001～20000人"组显著高于"20001人以上"组。

显见"15001～20000人"组的人数，在学习过程的改进、学习内容的掌握、学习的自我激励、学习伙伴的寻求、整体自我调控学习素养比较能发挥自我调控学习。

综合以上结果，两岸四地的全体成人在网络自我调控学习素养的实证上，在各层面均有显著差异，对本研究的研究假设二完全支持；两岸四地的成人在网络自我调控学习上，在性别上男生在学习数据的搜寻高于女生，女生在学习伙伴的寻求高于男生；在年龄上"24岁以下"在学习过程的改进上比较差一点；在学院别上"工学院"在学习过程的改进比较弱一点；在职业上"学校教师及行政人员"在学习的自我激励及积极的自我概念上比较差一点；在机构别上"网络教育学院"在积极的自我概念高于"公开大学"；在学生数上"15001～20000人"在学习过程的改进、学习内容的掌握、学习的自我激励、学习伙伴的寻求及整体自我调控学习素养上比较高。因此可知在网络学习的环境下，成人学习者通过自我调控来进行学习，其自我学习素养的层面，将直接影响到学习差异。本研究的研究工具的六个层面及其问卷题项，在抽样多时，其适用性值得肯定。

第三节　两岸四地不同地区成人网络
自我调控学习素养分析与讨论

一、两岸四地不同地区成人在网络自我调控学习素养上的差异分析比较

以不同的地区为自变项在成人网络自我调控学习素养上，实施单因子变异数分析，两岸四地在成人网络自我调控学习素养上差异的综合分析表，如表4-3-1，现分述如下。

表 4-3-1　两岸四地成人网络自我调控学习素养上差异的综合分析表

层　面	组　别	个　数	平 均 数	标 准 差	F 值	事后比较
学习过程的改进	1	1066	19.70	3.23	9.11***	1>2；1>3 4>2；4>3
	2	72	18.47	3.09		
	3	65	18.57	3.10		
	4	179	20.37	2.67		
学习数据的搜寻	1	1066	15.21	2.99	2.99*	
	2	72	14.92	2.88		
	3	65	14.92	2.85		
	4	179	15.83	2.61		
学习内容的掌握	1	1066	15.35	2.66	9.43***	1>2；1>3 4>2；4>3
	2	72	14.18	2.31		
	3	65	14.18	2.31		
	4	179	15.64	2.60		
学习的自我激励	1	1066	19.15	3.40	5.77***	4>2；4>3
	2	72	18.13	2.76		
	3	65	18.31	2.75		
	4	179	19.77	3.15		
积极的自我概念	1	1066	19.37	3.58	12.81***	1>2；1>3 4>2
	2	72	17.32	3.10		
	3	65	17.48	3.13		
	4	179	18.88	3.81		
学习伙伴的寻求	1	1066	19.76	3.65	4.61**	
	2	72	18.54	3.19		
	3	65	18.62	3.24		

续表

层　面	组　别	个　数	平　均　数	标　准　差	F　值	事后比较
学习伙伴的寻求	4	179	19.84	3.43	4.61**	
整体自我调控学习素养	1	1066	108.55	14.56	10.82***	1>2；1>3 4>2；4>3
	2	72	101.56	11.79		
	3	65	102.08	11.89		
	4	179	110.34	13.74		

注：$N=1382$，$*p<0.05$，$**p<0.01$，$***p<0.001$。

各组别的含义是：1.大陆；2.香港；3.澳门；4.台湾。

(1) 在"学习过程的改进"层面表明：不同地区在学习过程的改进看法上有显著差异($t=9.11$，$p<0.05$)，显示因地区的不同，而在学习过程的改进看法上有所差异。再经 Scheff'e 法进行事后比较得知，"大陆"组显著高于"香港"组；"大陆"组显著高于"澳门"组；"台湾"组显著高于"香港"组；"台湾"组显著高于"澳门"组。

(2) 在"学习内容的掌握"层面表明：不同地区别在学习内容的掌握看法上有着显著差异($t=9.43$，$p<0.05$)，显示因地区别的不同，而在学习内容的掌握看法上有所差异。再经 Scheff'e 法进行事后比较得知，"大陆"组显著高于"香港"组；"大陆"组显著高于"澳门"组；"台湾"组显著高于"香港"组；"台湾"组显著高于"澳门"组。

(3) 在"学习的自我激励"层面表明：不同地区在学习的自我激励看法上有着显著差异($t=5.77$，$p<0.05$)，显示因地区的不同，而在学习的自我激励看法上有所差异。再经 Scheff'e 法进行事后比较得知，"台湾"组显著高于"香港"组；"台湾"组显著高于"澳门"组。

(4) 在"积极的自我概念"层面表明：不同地区在积极的自我概念看法上有显著差异($t=12.81$，$p<0.05$)，显示因地区别的不同，而在积极的自我概念看法上有所差异。再经 Scheff'e 法进行事后比较得知，"大陆"组显著高于"香港"组；"大陆"组显著高于"澳门"组；"台湾"组显著高于"香港"组。

(5) 在"学习数据的搜寻"($t=2.99$，$p<0.05$)、"学习伙伴的寻求"($t=4.61$，$p<0.05$)两个层面表明：不同地区在学习数据的搜寻及学习伙伴的寻求看法上有差异，显示因地区的不同，而在学习伙伴的寻求看法上有所差异。再经 Scheff'e 法进行事后比较得知，并无显著的差异。

(6) 在"整体自我调控学习素养"层面：不同地区别在整体自我调控学习素养看法上有显著差异($t=10.82$，$p<0.05$)，显示因地区别的不同，而在整体自我调控学习素养看法上有所差异。再经 Scheff'e 法进行事后比较得知，"大陆"组显著

高于"香港"组；"大陆"组显著高于"澳门"组；"台湾"组显著高于"香港"组；"台湾"组显著高于"澳门"组。

综合以上得知，两岸四地的成人网络自我调控学习素养上，在"学习过程的改进"、"学习内容的掌握"、"积极的自我概念"及"整体自我调控学习素养"方面，"大陆"组显著高于"香港"组；"大陆"组显著高于"澳门"组；在"学习过程的改进"、"学习内容的掌握"、"学习的自我激励"及"整体自我调控学习素养"上"台湾"组显著高于"香港"组；"台湾"组显著高于"澳门"组。在"积极的自我概念"上"台湾"组显著高于"香港"组。显见"香港"组及"澳门"组比较差一点。以上所得结果能完全支持本研究的假设。

二、两岸四地成人网络自我调控学习素养的差异综合讨论

随着信息科技与互联网的快速发展，数字科技革命已将人类的生活及学习方式带入了数字多元化的新时代，加上学习者需求的多样化以及终身学习理念的逐渐广为人知，通过数字化的数据来进行学习，让学习者在不受地点，时间的限制而能获取知识并达到学习的目的，使得网络学习成为远程教学、终身学习、普及教育机会的一个重要方式。影响两岸四地成人网络自我调控学习素养的学习因素的层面很多，本研究以政府政策的层面、学校及教师的层面及成人学习者的层面加以比较分析及讨论。

1. 大陆方面

1）　政府政策方面

（1）　大陆期以教育改革能培养建设国家的人才，欲立于世界强国。

自于 1949 年起大陆将成人教育视为工农教育、业余教育及干部在职教育。随着时代的进步，中国的领导者为不断地追求现代化的建设，期能为世界之强国，自 1978 年以后，以教育培养建设人才，以供国家之用，成人教育就为一般失学的成人借以提升自我学习的渠道。又于 1981 年后，大陆建立了学位制度，高等教育的发展进入了一个崭新的时期，随后各大学相继设有继续教育部门，以提供对于城乡差距大的学习者有继续就学的机会，或者对那些想要出人头地而考不上好的学校，且素质好的学习者有机会继续学习，"认为最大的差异可能是学生本身素质比较高，只有少部分学生能继续就学，还是很多很优秀的学生不能学习，所以学生素质本身较好。"(A-1)。政府的破格大大提升了社会及国家的竞争力。

（2）　基于社会的需求及全球化的趋势，普及推动网络自我的学习。

大陆在网络学习方面的成果，是基于社会的需求及政府重视及推动，加上全球化的趋势，及以各国之成长的经验作为学习的机会。因此，大陆因有良好的时机及有良好的教育基础，顺势以网络教育的积极性及急迫性，来推动成人网络自

我的学习，目前于 2009 年开放了 69 所的网络学习场所供成人学习，以提升继续教育的成果"政府重视正确推动，社会的需要，有成熟的经验，好的教育基础网络的积极性愈来愈高，政府目前有开放网络学习 69 所"(A-2)。这 69 所高等网络教育机构，所招生的成人学习者遍及全国，对国家的教育普及继续教育政策有很大的帮助，对想提升自我学习的成人也提供了良好的场所及机会。

(3) 政府严管及评估制度，提升成人的学习动力及学习质量。

政府对于高等学校的网络教育，采取严格的管制及评估制度，为的是能给予成人学习者可在网络学习时有一个良好的环境，而且在保证自我学习的质量上不会放松管理。"从政府到主办高校有严格的评估制度，严格管理制度十分规范，保证网络教育的资质。政府在政策的可行性上，现政府对网络管理较严，为主要特性"(A-2)。成人学习者因有政府的严管及评估制度，可以安心选择所要的学校以求自我学习。就大陆目前的现实社会，各行各业及政府机关对文凭及专业极度的需求，已经给想上进及寻求好的职业的成人，有很大的威胁；成人学习者若要有好的学习成果，需在政府大力推广继续教育的政策之下努力增进，必须通过国家举办的统一考试。然而每年在政府监控下，给予成人学习者的考试合格率很低，借以提升自我的学习动力及学习质量"国家举办统一考试，以此为监控手段，考试通过率为 30%，大陆社会对文凭需求迫切，就业、转岗(业)与薪水都与文凭有关。"(A-9)。

(4) 政府对教育思维的改变，企业对人才大量需求的影响

近几年来大陆发展快速，不断地朝着国际化、专业化前进，以人为本的教育思维不断地改变，改革开放以后，中国历任领导者的思维，由"唯物思想"渐渐改变为"以人为本"，并重新借重教育的特点，以提升国家所需的人才；再加上企业及职业与社会团体的结合的需求"本校网络学习的概念与企业合作，且与工会系统结合"(A-3)，使学习者将学习的精力放在网络学习上，期能为自我所需要的课目及学位而努力。多年来政府对网络学习的开放及持续的鼓励，致使高等学校能与企业界之间合作，共为学习者创造一片新天地，共同为国家培育优秀人才。

(5) 政府不断努力设置卫星及远程教室，大大增强了学习者自我学习的动力。

大陆幅员广大，人口众多，由于东南经济发展重西北轻，造成城乡差距太大，偏远地区的成人学习者有心向学，则机会渺茫，然而在远程教学的兴起，及政府设置了卫星设备及远距教室，让学习者有进修的机会，可鼓励学习者的学习动力，且增加学习者的学识及知识，减少文盲的人数；网络学校配合中央的教育政策，鼓励学习者上课不收学费及学杂费"因为大陆幅员较广，偏远地区在以前是毫无网络这些资源，但是因为近期远程教学的兴起，设置卫星及远程教室让学生上课，且配合中央政府的教育政策两免一补，大增学习的学习动力"(A-5)。政府的高度的重视网络教学，且投入了大量的资源，建构庞大的网络系统，因而给予学习者

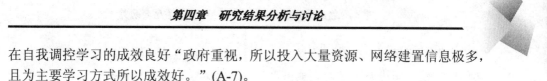

在自我调控学习的成效良好"政府重视，所以投入大量资源、网络建置信息极多，且为主要学习方式所以成效好。"（A-7）。

（6）　政府积极倡导继续教育的观念，以增进学习者自我学习的效力。

在继续教育的持续推动驱使之下，大陆网络学习系统发展非常快速，而且还存在着非常大的学习空间"大陆在网络学习的这一部分，还有发展空间"（A-2）。高等学校有责任配合国家的政策，灌输全民继续教育及终身学习的观念"终身教育是不可缺的且也是未来的必然趋势，学校有责任灌输在学校学生和即将毕业的学生终身学习的概念，提升终身学习的意识，网络学习是未来成人学习的趋势，它的成长是迅速的，它也会为成人学习者带来变化"（A-5）；高等学校应藉网络学习的新思维形成是成人学习者自我调控学习的新趋势，有愿意自我学习的成人能跟着网络教育系统自我调控学习，为自己带来生涯及职涯更深更宽广的变化，高等教育机构更应广推网络学习的特质，以提升大陆全面教育的普及。

（7）　实行一校一制的网络学习政策，以适应成人自我学习的需求。

城乡差距大，造成失学的成人很多，尔后大陆成人在自我调控学习素养上，必须藉网络学习而成长；就目前少部分高等学校的网络教学差异性很大，学历认定的压力也很大，授课的课程内容时常受市场的影响而影响到学校教学设计及质量；因此，政府在顺势发展网络教育时，对学校的教学管制、教学评估、教学评鉴等应要有相当严谨的管制手段，且积极的改进"教育部管制严谨，教学评估依计划执行，对教学有督促的效果。评鉴成果对学校影响深远"（A-3）。对于目前有69所高等学校发展网络教学，需要总体评估，以利于随后实行一校一制的网络学习政策，才能提升全国教育程度及教学质量。"大陆在继续教育这块上有69高校，其意见及实行策略一校一制，需要施行总体评估，才能更增进这方面的成长，提升质量水平"（A-4）。"网络教育是一种手段。为终身教育体系与学习社会之路。所以在自主性上更强，适合多元的从业人员"（A-6）。高等教育机构对网络教学的实施，应分别为对于专科生及本科生的修业年限，而有其不同的限制，以增进学习后的质量。

2）　学校及教师方面

（1）　配合政府教育政策及企业需求，给成人自我学习机会。

大陆各高等学校为配合中央教育政策，在政府的严格评估及严谨的态度要求下，目前有69所高等大学，能在大陆各地区实施网络教学招揽学习者。一方面大陆人口众多，相对高等大学学校数量少，想进高等大学的学习者又多，所以进不了正式的高等大学的学习者，寻求网络大学或夜大学习，学习者的学习动机因而增强，学习内容的需求及积极地自我概念就比较强烈。"因为想找一份工作并不容易，所以在自我概念就会用有比较强的意志。政府给予各方面的帮助。给予学生想要的，学生想要工作，就给学生工作"（A-1）。网络大学之所以为学习者所爱，是因为网络大学可以循自己的喜好及不受时间、地点之影响，因而网络大学成为热门的学校；想进修的学习者就可以利用网络大学完成自己的心愿。另一方面，高等学校又可以与优良的企业实施策略联盟，资源共享，或学校也可开设相关企业所需求的专业科目，如天津大学在 2000 年成立网络学院，该网络学院与民间企业共同经营教学模式，彼此将相关网络信息作为可以互相共享的资源，以提升该学院的学术更深入及更专业。高等学校在网络教学的内容上，也必须与普通大学的教学内容无太大的差异性，使学习者能在网络学习上拿到本科学位，并且辅导学习者通过国家考试，若学习者无法通过国家网络考试，就会影响学位及优质的职业的取得。"网络学习要拿到本科学位，不掌握学习内容就拿不到分数(平均要80 分以上)，必须通过国家网络考试委员会"(A-2)。

(2) 教师课程设计，须符合现况及企业需求，以满足成人自我学习。

教师对于学生的需求及企业的需要，在设计课程内容上，必须符合政府政策要求，所以网络教学设计主要在于学有所用，为国家及企业造就人才；教师在提供导学互动及支持性服务的同时，提供适合学习者进行学习的课程；从教学方法来看，更需建立适合网络学习者的教学活动；从教学管理过程来看，应提供学习者更多的支持服务"教师须设计符合网络学习学生的课程内容，并提供导学互动及支持性服务。从教学方法来看，需建立适合网络学习者的教学活动；从教学内容来看，应适合在职学生进行学习；从教师管理过程来看，应提供学生更多的支持服务。"(A-8)。高等学校的学习中心机构，应重视学习者的学习，掌握学习者对学习知识的迫切心理，高等教育的学习中心应期望学习者向学习中心反映学习内容，教师也可向学习中心的机构的教学会议反应，以此方式双向满足学生及企业需求，教师本身更可以藉此自我更新教学大纲及内容"从制度上学习者掌握学习特点，学习中心负责一定比例的评分主办高校成绩，平时老师也会评分学生学习成果，评价学生主动学习状况，严格教学过程，对主讲老师所编制的网络课程要求很高，每个环节都有要求，学习过程的管理 "(A-2)。如清华大学在校内与企业者合作，开办远程教学一样。"清华大学开始了远程教育，向全国招生。一开始针对高等教育的学生，由企业来赞助资金，并由清华大学开始做接班人教与培育工作"。(A-6)。

(3) 教师教学内容的设计以满足学生的需要，并适时实施课程辅导。

教师在课程设计上可利用完善的多媒体教具实施教学，以满足学习者的求知欲，教师除了在教学方面，也可以在订定进度表及作业方面，以利或要求学习者每星期要花点时间配合进度表及作业，在网站自我学习，对于学习进度缓慢者给予辅导；发现学习者若有不懂或是学习障碍时，就给予适时的指导，或是面对面的进行教学辅救。一方面，"多媒体学习信息较完备，学生可以在线观看老师教学，另一方面学校也有规定，每个星期学习的进度表，学习所需要花的时间，并且给予学习者一定的作业，并且在考前还有规划一个考前辅导，将内容再做一个重点大纲。学生哪一方面课业不懂，就再给予指导，除了网络教学外，假日时学校还会派出老师进行面对面的教学。"(A-1)。网络教育的空间很大，教师在教材的改进及编制上，可以与学习者协调而满足学习者的需要。"网络教育的特点，网络教育专科程度，如何改进教材，使受教育学生能更协调，教科编制上，满足学生的需求"(A-2)。目前，网络教学已非常普及且有相当的水平，学习者及家长们的支持度也提升很多，所以在高等学校设立网络学习已是办学的重点。教师及学习者可利用网络平台，向全球搜集想要的数据。

(4) 鼓励寻找学习伙伴、激励自我学习的概念，提升学习气氛。

学校为激发学习者网络学习的动力，不可先行摒除传统的教学方法，而是先要让学习者能自动自发；传统的教育方式，在大陆与台湾行之有年，且有一定的水平，对于课程内容的掌握，比香港及澳门都要强些，香港及澳门在自由的学风成长之下比较有创意。"在教育背景看来，大陆和台湾都是属于老祖先的方法，属于讲究传承较传统的方式，而港、澳地的学习背景因为在回归中国前是受欧洲统治，所以其教育方式较偏西方，讲究自发性学习，学风较自由不受限制。"(A-5)。所以在协助及鼓励学习者，寻找学习伙伴方面，学校要不断地鼓励学习者，并能主动地在注册以后就编有所谓的"QQ群"，鼓励学习者加入"QQ群"，以建立校园学习氛围"鼓励寻找学习伙伴，帮他们分配又太不人性化。所以，我们鼓励寻找学习伙伴，我们叫"合作学习"，也叫做"协作学习"。就是在注册以后就编有"QQ群"，鼓励学员加入"QQ群"，这样就有学习伙伴以建立校园氛围。"(A-7)。另外，学校开设网络学习课程最重要的要素是"服务"，提供良好的服务才能把学校办好"开设网络学习课程最重要的要素是'服务'，提供良好的服务才能把课程办好，也才能够延续。"(A-7)。为防止学习者在面对冰冷的计算机，感觉学习无法增进学习成效而觉得很无聊，又少了师生间的互动而中辍休学，学校建立追踪辅导体制，定期提供电话服务与关心，一段时间没有上线就以电话追踪，再没有改善就会派遣服务人员前往访视，提供需要的协助"我们建立追踪辅导体制，定期提供电话服务与关心，一段时间没有上线就会电话追踪，再没有改善就会派遣服务人员前往访视，提供需要的协助。"(A-7)。

3) 成人学习方面

(1) 成人入学难影响学习机会，可藉网络大学学习以提高学习概念。

大陆高等学相对校少，相对于入学门槛比较高，造成大多数的学生无法通过入学考试，是国家培养人才的一种损失，也是企业需要人才的一种损失。所以学习者无法考进大学，又想求得学位及好的工作，就只能选择夜大及网络大学，因此大陆的学生，在藉由夜大及网络的学习就比较普遍；尤其大陆幅员广大，学习者想选择比较有弹性的时空可利用，所以利用网络学习是比较受欢迎的学习方法，且基于政府的鼓励及学校的奖学金政策。"奖学金政策：优秀的学习者，可以不用付学费"(A-1)，"学生本身要求自己的自觉心很高，因为要出人头地，就要学习，读越高能得到更高的职位，可以有能力去跟别人竞争。"(A-1)。其人数自然比香港及澳门要多得多；还有民间的企业组织对人才需求的条件严苛许多。"与企业做合作：保证念完一定有工作可以做。"(A-1)，因此大陆成人学习者为了要比他人强，就得利用夜间或假日时间求学，其学习动机是比其他三地要较积极。所以在成人网络学习之各层面，所呈现在学习过程的改进、学习内容的掌握、学习自我的概念等三方面的差异性比香港、澳门要大。

(2) 成人在网络学习过程、内容及概念上，比港澳较积极。

大陆的学习者在网络学习，要比香港及澳门要积极，其原因是在求学的整体素养和学校升学率的问题上，有比较差异性；香港、澳门的升学率都比较高，主要是幅员小、相对学校数多、求学的机会比较容易，且尤其在港、澳及台湾，要找一份工作也不见得是要看文凭。大陆在"文革"时期的成人学习者，若想自我调控学习，政府还会给予公假的机会，让学习者能提升自己的学习素养；但是环境改变了，现在政府认为，学习者求学是为了各人进修及增加工资收入的行为，政府虽然是鼓励进修，但已不能给予公假的机会，因此变成是学习者各人要利用夜间及假日的时间求学，所以网络大学成了普遍性。政府对于网络大学的学生要通过考试，其要求非常严格，通过率很低只有30%的机会。"国家举办统一考试，考试通过率为 30%，大陆社会对文凭需求迫切，就业、转岗(业)与薪水都与文凭有关。"(A-9)因而学习者在就读"在职专班"、"本科班"比较多，因为有些班次的学位是可被认定，甚至可以作为出国的踏板"学生愿意选择网络，因全国高等教育'自学考试'的通过率低，使学生会选择'含金量'较高的大学开设的网络课程，因其学历为内地各大学认可，又可以赴国外留学。"(A-9)。又有些学习者为因应社会的需求而选择企业者所开设的班次，给自己有提升职位的机会，学习者藉网络的学习，因学位及工作的诱因，所以在学习内容的改进、学习过程的改进及自我概念的提升都非常积极。

2. 香港方面

1) 政府政策方面

(1) 香港接受西方的思想较早，且深受英国的教育学制影响。

明清时代，香港就开始接触西方的思想，清末时期又租借给英国，因而接受英国的教育学制至今；现今政府的教育政策，期盼高等大学能走上时代的趋势，发展网络教育，以提升成人自我调控学习的能力，政府的政策是积极、鼓励的。但是对经费的筹设却要学校自行处理，高校的配合度比较欠缺"香港延续英国的教育传统，经济又很发达，相关的网上的学习设备也很齐全，网上学习课程应该相当普遍的。政府没有特别的经费来支持网上学习课程，要看香港各大学对于本身的情形去衡量要不要开设网上学习课程。"(B-2)。又各高校基于传统教育的影响及地区狭小、交通方便，不利发展网络教育。因而香港政府将发展网络教育的重责大任，就落于香港公开大学。香港公开大学当初成立之时是利用远程的方式教学，以在职的学习者为主要对象。"要发展网络课程的话，我们公开大学可能会做的多一点，因为公开大学当初成立的时候是用远程的方式来教学，主要服务的学生就是成人的在职学生"(B-1)。然而单纯的网络课程是无法引起学习者兴趣的，其原因是：学习者对传统教学的偏好及学习者能常常想见见同学和老师，彼此可以建立关系与感情，因此网络的教育自然无法像内地的学习者般受到热爱。十年前政府因为科技迅速发达，想推动学校发展网络课程，但碍于香港地方小、投资大的限制，学习者对网络课程的接受度不高"单纯的网上课程是引不起学生兴趣的，因为香港地方小、交通也发达，学生通常想见见同学和老师，建立关系，但在网上就不容易。大概十年前因为科技迅速发达，就有学校发展网上课程，但后来因香港地方小、投资大，香港学生对网上课程的接受度不高。"(B-1)。除非能与东南亚或中国内地有合作的策略，发展才有市场。

(2) 教育政策的改变及学位或文凭等级制，影响网络教育的发展。

香港学习的文化深受英国的教育学制影响，英国的教育政策左右了香港的教育政策，目前香港政府在推行所谓教育七级制，其等级制是英国的教育产物，将任何学术科目及企业专业等划分为等级制，以认定其学位或文凭等级；就目前香港所推行的继续教育，也因而受到影响，在网络学习上更影响至深。"香港开启了所有的教育分成七等，第一等大概初中，第二等大概中等五年级，第三等中学毕业，第四等是初等学士，第五等是学士本科，第六等是硕士，第七等是博士，所以把他分成七层很麻烦的，所以拿到文凭会比往后更重要，所以我觉得这个新的概念，在短期间内对继续教育是坏的影响并非好的影响"(B-3)。因为香港的各行各业都在追求教育七级制，而拾弃其他的有关终身教育的学习。基于此环境，政府若要鼓励学习者，能使用网络学习以提升自我调控学习的素养，其政策必须要稍加改变，虽以面对面传统式的教学为主，而以网络教学为辅"香港大学生每年面对的课程是 450 个小时，如果政府评审的机构容许有 150 个小时是网上的，学校就会有一个平台。"(B-3)。政府积极的鼓励，但高教育学校却为现实的影响，无法改变现况，则高等教育学校对网络教学就仅能以辅助的性质执行。

(3) 香港可藉优势环境发展网络，可成为两岸四地成人的学习平台。

香港应该是发展网络学习的一个非常特殊且良好的环境，因为地处于亚太地区最适切的地点，接受西方化思想较其他三地为早，可以很容易地将西方的思维融合到华人的文化中，与大陆、澳门及台湾又同种同文，所以可以将网络学习的平台及资源，扩展到大陆、澳门及台湾共同分享。"网络学习可以去带动澳门、大陆还有台湾，因为香港在两岸四地里面是亚太信息网里面最发达的，这样往后是否可以提升刺激、激励，尔后更有掌控权，慢慢地改进可以"(B-3)。香港网络学习在尔后的五年是不可避免的工具，现在成人学习者应该要所认知，好好利用网络帮助学习，尤其现在的高等教育的学生一定要所体认。现阶段高等教育可以要求学生在每一科课程配合着网络相互学习，其分配的比率传统 50%，网络 50%；教师亦然也要将尔后的课程朝这个比率来发展"机构一定要很清楚的讲给教授们听，要有一个清楚的目标，好比说 5 年后，每一科至少要有 50 个百分比是用网络来帮助学生学习，很清楚的跟教授们讲的话，就一定会达到，然后在教授方面设计课程"(B-3)。香港虽然地域小及在各方面均很便利的状况下，学校机构仍不可限制网络学习的发展，尤其以前些年的 SARS 及近日的 H1N1 的环境中可知，造成人心惶惶，不敢上学或进入人群多的地方，学校为了让学生在学习上不中断，自然地就会要求学生利用网络学习功课及交作业或报告"几年前香港不是有SARS 吗？不能上课，其中有一些大学网络搞得很好的话，他可以在网络上上课，很多私人的公司，他用网络做继续教育，香港的医生也利用网络做他们的继续教育"(B-3)。

2) 学校教师方面

(1) 香港地域小上学容易，教师在教学设计多倾向传统的教法。

香港因地域小，交通方便，学习者上学比较容易，又因传统的教学普遍受到家长及学习者的肯定，学校的教师在教学设计对传统的教法及设计已成定型，学校机构也不必因推广网络教学而为了经费的筹措而伤脑筋，基于如此的因素，高等学校对于网络教学不够热衷。但学校为配合政府的政策问题，要发展部分教学科目，利用在网络上课的方式实施，如此的政策是给予在网络学习者的少部分教师及学习者，在某些科目有受惠的空间，给予在正式学位的取得能比以往顺利"香港的网上学习是辅助性的，所以相对的在网上学习资源的投入会比较少，学生修这个课可以拿到正式的学分，当累积多了达到毕业的标准，就可以顺利拿到毕业证书，而香港其他大学开设网上课程通常辅助性的"(B-1)。而且香港的大学学制目前是三年制，到 2012 年将改为四年制，届时学费及课程将会增加。"香港大学是三年制，要到 2012 年开始四年制新的课程时加入一些网上课程，如果从三年改成四年的话，多一年多 25%的费用，大学应该是有动力去增加网上课程的"(B-2)。学校、教师及学习者的压力尔后也会很大，因为学习者的流动力会影响学校的招生问题。"大学从三年制改成四年制后增加一年，学生比较会有动力往好的大学流动"(B-2)，因此学校可藉此机会增加网络教学的动力，以推动网络的教育，提供网络学习留住学习者。"香港的大学学制已规划要从三年制改成四年制，资源经费也不是按比例增加的，这对于大学的经营是有压大的，网上学习课程在未来应该是香港的大学很乐意去运用的"(B-2)。

(2)　教师在网络学习中，指引学生成立学习社群及资料搜寻整理。

香港的网络教学给予学习者很大的学习空间，其本意其实蛮好的。然而香港每个家庭里都有计算机，还有宽带，网络的科技之发达很快速，香港的网络教育应该可以发展的很好；可是香港将网络学习放置传统的教育是用于辅助的，其发展的空间就不大了，在以维持辅助性质的方向在进行，势必需要配合传统面授、藉由一种强迫性手段来发展网络教学。"香港发展的空间不大，还是维持辅助性质的，要配合面授是必须、是强迫性的。"B-2"香港的主流大学是政府出资经费资助的八所大学，学生对于经由网上学习的方式是看成非主流的方式、是辅助性质的、非学历的。"(B-1)。若要能发展网络教学，教师课程的内容设计非常重要，不仅是文字方面，而且还要配合多媒体的设计，以充实教学内容的生动与活泼"网上课程系统的设计要纳入多媒体的元素，如果课程教材都是文字性的内容比较多的话，就引不起年轻一辈的学生学习兴趣。这方面采用温和式的教学结合，大部分的面授，少部分的网上课程是可以的。"(B-1)。教师也要指引学生能成立学习社群，并指导及协助如何找寻数据及整理数据"老师扮演的角色是很重要的，老师可以给学生一些指引、找数据帮助较大，鼓励学生组成读书小组、互相帮助。"(B-1)。对藉网络学习的学习者人数很难掌控，然而学习者得不到自己想要的内容数据，则学习者的流失，其速率就会很快。所以教师对学习者的课程设计，选用的课本难易，网络教学后的课后辅导及对学习者的学习程度、学习成果的掌控都要谨慎处理；学校不只是提供场地，而且要对教师在教学的准备上，要能指导及评鉴，并且要能了解教师对学习者的学习成果，是否有一套评核及辅导的方法。

3)　成人学习方面

成人学习者在传统的学习上无任何限制，比较重视有学位文凭的教育，香港地小交通方便，成人想学习不用担心在交通上或距离上的问题，也不用花费很多时间忙于琐碎的事情上而影响学习，所以学习者不必藉用网络学习以取得学位，香港的继续教育行之有年，成效都有一定的水平。何况成人要用网络来学习，可能要先学习如何使用计算机及网络，所以对于成人学习者来说或许要有一些时间适应，或许学校机构可以发展部分课程，来影响成人学习者对网络的学习兴趣及动机。香港的学生在文字的理解力，除澳门外比中国内地及台湾还差，所以在网络的使用也会受影响"如果是老一点的学生可能就对计算机的操作比较不熟悉；他们对网上课程会比较专心。香港地区成人网上学生对于文字的理解能力较差，因为现在香港的学生阅读能力的水平是较低的"(B-1)。因此香港的学生比较喜欢传统的教学，一来可与教师面对面学习，二来可以跟同学互动；基于以上的因素，在学习内容及自我的充实的概念上，香港的学习者与中国内地的学习者相比较，就显得比中国内地差些。"香港地区成人学生对于网上课程的接受度不高，加上地方小，香港的学生喜欢传统面授的学习方式，有问题可以直接现场问老师寻求解决。香港的学生自由度较高，也就是自我调控能力较不足，而且若是在传统教室教上课学生没有来同学会知道，老师也有清单会点名"(B-1)。

3. 澳门方面

1) 政府政策方面

澳门如同香港一般，地域小且曾经是殖民地，早期为葡萄牙所统治，统治期间葡国对澳门的国民的教育未曾关心过；回归祖国后，澳门的学习者对于自己本身的教育程度非常的在意。"以前葡萄牙是不重教育和培养人才，愿意学习的人都会到科技大学学习，学习热诚是非常高的，绝大多数是非常认真的"(C-1)，澳门政府的教育单位也很努力地在协助有愿意自我调控学习的学习者，参加继续教育的行列，提升自我学习的成效。尤其近几年的经济环境有很大的进步，及中国的崛起，需要的人才增加，再加上全球化继续教育观念的提升，对于澳门的成人及年青学习者更是很大的冲击；因为人人不断地追逐学位及专业知识，人人不断地追逐高阶的职位及高所得的薪资提升。所以澳门的高等教育单位除了配合政府的政策，同时也因应环境的需求，与企业界策略联盟，不断地发展相关的教育，以提升澳门的教育水平。

2) 学校教师方面

高等教育努力在继续教育方面的办学，加上教师课程内容的用心设计，如同香港一样，需要政府单位元的评估及严格审查；学校对教师的指导及辅导，教师对学习者的课程设计及课后辅导，都需一套评鉴水平。网络的开放更可使学生可利用网络学习，并与教师们及同学们讨论功课，教师亦可以利用网络与学习者互动，了解学习者学习的程度。"学生回去都会有小组互动的环节，自己会做一个沟通，然后合作是序进的，他们工作的关系非常大，他们也会向老师寻求，争求老师的意见，学生的报告也很专业了"(C-1)。

3) 成人学生方面

成人学习者还是为了有学位的文凭，以及能在职场上有一席地位，就非常专注学习，任何学习均可，只要能使他自己去有成长、有文凭，在职场受到肯定即可。如"澳门非常缺乏劳动力，有的学生已经考上学要去台湾读书，但在赌场找到工作后，工资并不是非常高，也是过半，他想先赚钱帮助家里，就放弃去台湾上大学的机会，他一边工作一边来这里学习，学习态度也很好也很认真，他觉得终身学习教育非常好。"(C-1)。现阶段澳门的成人学习者，在自我调控学习方面，受到环境的影响，非常的积极学习"在他们学习的成果里面，他们可以预知未来，原本在赌场里工作，环境不太适合想转其他的领域，现在他们觉得这世界不只是赌场。从网络学习中，他们已经学习并认识到整个全球化的社会和全球化的需求，他们已经开阔了眼界"(C-1)。可是澳门的继续教育发展很快，成人学习者可藉任何高等教育学校之教学课程，以满足自我的需，求尤其高等教育学校以传统的方法仍受喜爱，因而在学习过程的改进、学习内容的掌握及积极自我的概念与中国内地学习者之间的比较，差异性很大。

4. 台湾方面

1） 政府政策方面

(1) 教育政策松绑，高等教育普及，影响成人网络学习。

早期台湾的教育是处于一种威权时代的教育，限制太多。目前政府在推行终身教育的理念，教育的政策随之松绑。"我们以前教育是比较限制性的，那现在的教育已经变成比较开放，是种明显的改进，因为台湾跟大陆都经过那种威权的教育过程"（D-1)。台湾的高等教育如雨后春笋般的发展，至 2009 年止已有 170 余家高等教育的大学，由于高等教育的政策松绑，高等学校传统的教学在现阶段仍较为教学者及学校所接受，因而导致台湾在推行网络的学习方面不够积极，其原因为：学校碍于学习者的取得愈来愈难，且愈来愈少，及经营传统教学的成本比网络教学低；虽政府多方面的推行，但成效仍不彰显。

(2) 低出生率影响，高等教育学校招生困难，网络教学不易推展。

目前台湾出生率低，导致人口老化的现象很严重，直接影响教育的大环境。现阶段高等教育已经很难招足学生，学校招生不足的状况下，若要发展网络教育，那更徒增使学校走上绝路。虽政府部门大力推行网络的教学，以求全民终身学习的境界，但因各校的不够积极，配合度不高，导致教育部门无法拟定一套办法或规定，如同大陆严谨的评鉴、评估及严格审查制度及考试制度一般，教育部门只能在教材及教学上做管控"教育部门两个方式，一个是由在线教材作评鉴，另一个是在线教学，如果学习全部都是在线教学，那它就必须上网络处理"（D-5)。

2） 学校教师方面

(1) 网络教学重课程设计，使成人在网络学习上达到自我调控学习。

网络流通及远程学习是未来的重要的趋势。"网络流通、远程学习其实是一种很重要的趋势，我们现在两岸四地这种交流有很多"（D-1)。学校机构能有效地利用网络实施教学，其课程的设计是很重要的因素；课程设计的教师们在设计的内容要时常更新，且必须要结合多媒体的科技，以往使用的媒体是比较固定的媒体，现在要用媒体的多样化，来吸引学习者。网络学习最主要在强调个人可以安排自己的学习时间及地点，并按自己的进度学习，以增进自己在自我调控学习上产生最大的效益。"教育机构，这种差异是不是两面形成互动，比如说学习过程的改进、学习内容的掌握、激励，还有积极的自我概念这些项目，就是那个提供者要解放给个人去做的这个部分学习数据的搜寻，本来这个学习材料，在方法上可能设计不会差这么多，但是在内容、还有激励自我这部分可能现在在这个释放方面差距就蛮大的，其实网络学习、远程教育基本上，就是一定是要强调个人可以去安排自己的学习按照自己的进度，学习就会产生最大的效应"(D-1)。所以学校机构及教师必定要在课程设计上以学习者的立场为主，且在课程辅导上要注意学习者的差异性，而针对差异性大的学习者，能适时适切的采取辅导措施，协助学习者的学习障碍，并且对学习者的学习成效要有一段追踪期，掌握学生学习的成果。

台湾是一个面积小、交通便利的地方，如同香港及澳门，学习者上学方便，教师要面对面地教育学习者及辅导学习者也非常地方便，因而在传统的面对面教学之所以为为教师们喜爱，一则可以对学生的学习状况能即刻掌握，二则对学生的课业辅导能实时行之，三则对学生的学习伙伴能适切、适时的安排，四则对学生的中辍能实时请求学校支持。

(2) 学校及教师可协助成立学习社群，鼓励组成自我学习的伙伴。

学校及教师对学习者间，应依学习者之学习能力及学历的程度，主动给予学习者们协助组成学习社群，或协助使用像网络的 Facebook、Twitte 等互联网，来组成学习社群，并藉用资源体系及资源策略，由学习者对学习者的辅导，以经验传授，或由学习者们相互激励，来增加学习者自我的学习成果。"教育机构除这种设计之外，还能设计到学习社群学习者之间产生互动，个别辅导好像是老师去辅导一样，以后变成学生辅导同学，以过来者的经验或者说现在想法和经验可以产生这种资源策略，更可以去满足更多人"(D-1)。学校及教师们，要依学习者利用网络学习目的为何，而适时地给予学习者适切的学习平台，学习平台的设计因人而异，则学习者的学习障碍减少，自然有利学习。"我们在设计网络课程之前，其实我们都是以老师的角度去想学生会喜欢网络教学，我们并没有从学生的角度去思考是不是适合用这样的媒介，你要在做网络教学之前要先做一个前测，就是这个学生他的媒介使用偏好，因为我们有媒介，所以他必须要从这个角度去看"D-2，"这些平台学习的机制，可以去协助到这样的一个方式，我觉得这是可以有帮助的，因为时间控制也是一个在自我的调控学习下的时间安排，可能会有安排他的工作、学习进度、跟时间的分配，在这个机制上面提供作用，那评分的方式是一种自我激励的表达方式"(D-5)；"在伙伴关系上面来讲的话，其实就是成人教育的第二面向，其实是可以帮助学习者去适应环境，适应环境的可以接触到藉由这个网络学习，他可以接触到新的东西、新的社会，跟他的社会生活去结合，认识新的朋友，其实对他们 Facebook 来讲其实就变成一个社群，那像我的话我课堂上，有一些东西想讨论，现在我就会采用一种共学共鸣的方式"(D-4)。

3) 成人学生方面

藉由实证得知两所空中大学网络学习的成人，大部分是以在职的成人学习者居多，就本研究的统计，以公务人员为多数。在职的成人想要学习的目的，主要是能提升自己的本职及追求更进一步的专业学识。"他们来上一些网络学习的课程，他们的目的是什么，是属于在职训练，还是把它当作一个终身学习，如果是在职训练的话，比如说，它是属于第二专长的培养，还是在职进修"(D-4)，或许另有一种自我的期许。但面对着网络学习的学习者，会有一种缺少师生互动的感觉，如果学习产生的压力，就会影响学习的成效，针对成人在学习方面，大致上虽是以自己的兴趣相结合，也因此在自我学习的动机，自我的激励，积极的自我概念，都相对的有强烈的企图，但在学习有了障碍，一切的学习因素将会受影响，因此成人在学习期间也希望能有学习社群的协助、相互支持、砥砺，所以在藉网络学习的成人，最希望能有学习的伙伴，可一同学习、讨论。"小组合作、团队合作也形成一种价值观是认为我们将来要面对的一种方式，这样的方式对他们来讲学习是不是采用合作方式，或者说我们老师在教学的过程中，也经常采用这种合作学习途径给我们的学生，所以合作的方式也让我们自己学生在这一块也摸的到，所以这一块也可能都是影响的因素"(D-2)；"至于学习孤立或学习社群，我个人的作法是：我会用较项目管理的方式，在开始上课的时候跟同学讲，我们都会有一个类似的教学网站"(D-5)。成人在学习中有了学习伙伴，就敢大胆地藉网络的平台，以增加更多元化的资料搜集及内容的掌握，所以成人在学习成效上，就时间及地点的考虑，会比用传统的教学方法要好，依本研究的实证可以得知，台湾的成人在学习过程的改进、学习内容的掌握、学习自我的激励、积极的自我概念等四个层面都要比香港及澳门好，而且现阶段就网络学习的成人在年龄上，有年轻化的趋势，年轻人知道自我本身的需要及职务上的需求，会利用机会增进自我的学习，尤其在网络学习方面，无时空的限制，不管他们要的是文凭或是提升职场的专业智能，藉网络学习就是最佳选择。"学习的 e 时代，今天这些对象都是要求学位的，第一个因为他有效率又方便，愿意去使用这个科技愿意去接受的这种方式，第二个就是 34 岁以下的人占了 79%，就是说他们都比较倾向于年轻算是刚就业不久的，因为工作上面需要或是文凭上面的需要，而来进行这样的一个进修活动，参与的都是管理学院与其他学院的居多，基础知识的需要不是那么强，是属于那种他会比较愿意来进修的"(D-2)。

总结以上得知，两岸四地成人在网络自我调控学习素养的实证上，在各层面均有显著差异，对研究假设三完全支持；两岸四地的成人在网络自我调控学习上，在"学习过程的改进"、"学习内容的掌握"、"积极的自我概念"及"整体自我调控学习素养"方面，"大陆"显著高于"香港"；"大陆"显著高于"澳门"；在"学习过程的改进"、"学习内容的掌握"、"学习的自我激励"及"整体自我调控学习素养"，"台湾"显著高于"香港"；"台湾"显著高于"澳门"。

在"积极的自我概念","台湾"显著高于"香港"。就整体观之,香港及澳门的学习者比较差一点,大陆及台湾的学习者在网络自我调控学习的六个层面比香港及澳门学习者强些,除了微观上要看学习者就六个层面的认知外,宏观上也要看台湾的政策及教育机构与教师的用心程度。就本研究的研究工具,运用于两岸四地成人网络自我调控学习素养上,其研究结果得知,有良好的适用性。

第五章 结论与建议

本研究所探讨的是两岸四地成人网络自我调控学习素养的比较研究，其结果是藉问卷调查及半结构访谈之两种研究方法而得的；藉由两岸四地以网络自我调控学习的成人为对象，于 2008 至 2009 年期间实施问卷调查，将测得的数据以统计方法处理，并从中得到的数据及意见建议，作为拟定半结构访谈大纲的依据；分别于 2009 年 10 月 2 日在台湾高雄师范大学举办团体焦点座谈，及 2009 年 10 月 19 至 22 日在澳门科技大学办理 2009 年"中国继续教育研讨会"中，访谈大陆、香港、澳门的专家学者。

在本研究中，将研究结果更进一步地整理，并分为三节，第一节主要研究发现，第二节结论，第二节建议，以作为未来两岸四地在研究成人以网络自我调控学习的研究中，能有清晰的脉络可依循，也有明确的方法与步骤可资参考。最后本研究将整理研究相关结论及建议，期待本研究有学术之评估外，更能增加推展实务的功能。

第一节 主要研究发现

1. 两岸四地各地区成人在网络自我调控学习素养上的现况

两岸四地各地区成人网络自我调控学习素养上，各层面与整体上，大陆、香港、澳门等每题平均得分都高于 3.50 分以上，台湾每题平均得分都大于 3.66 分以上，显示各地成人在网络自我调控学习素养上，已具有一定之基础及水平。

各层面与整体上，每题平均得分；大陆在 3.80 与 3.95 之间、香港在 3.46 与 3.73 之间、澳门在 3.50 与 3.73 之间、台湾在 3.66 与 4.07 之间，彼此差异不大，可见在学习过程的改进、学习数据的搜寻、学习内容的掌握、学习的自我激励、积极的自我概念、学习伙伴的寻求与整体自我调控学习素养的现况上，各地的自我学习大致上有良好的素养。

2. 两岸四地全体成人在网络自我调控学习素养上的现况

两岸四地全体成人网络自我调控学习素养各层面与整体上，每题平均得分都大于 3.50 分以上，显示两岸四地成人网络自我调控学习素养的现况，已具有一定之水平。

各层面与整体的每题平均得分在 3.82 与 3.93 之间，彼此差异不大，可见两岸四地的成人使用网络学习时，在学习过程的改进、学习数据的搜寻、学习内容的掌握、学习的自我激励、积极的自我概念、学习伙伴的寻求与整体自我调控学习素养上的现况感受情形大致良好。

3. 两岸四地的男生在学习数据的搜寻上比女生较有差异，女生在学习伙伴的寻求上比男生较显著

在学习数据的搜寻，男生高于女生；两岸四地的男生在学习数据的搜寻的技巧上比较有方法且又多元，搜寻的能力及速度也比较快。在学习伙伴的寻求上，女生高于男生。两岸四地的女生在学习的过程，对伙伴的需求比较强烈，因为女生可由学习伙伴的互动中，增强学习的不足。网络学习讲究的就是自制力，网络学习期间，伙伴的寻求会是网络学习的助力。

4. 两岸四地的年青的及工学院的学习者在学习过程的改进上，比其他年龄较及各学院较差

25～34 岁高于 24 岁以下；35～44 岁高于 24 岁以下；55～64 岁高于 24 岁以下。且法学院高于工学院；商学院高于工学院；理学院高于工学院；管理学院高于工学院。

5. 两岸四地的学校教师及行政人员，在学习的自我激励及积极的自我概念上，比其他职业者较弱

在学习的自我激励上，公务人员/机构工作人员高于学校教师及行政人员；劳工/事业单位工作人员高于学校教师及行政人员。

在积极的自我概念上，公务人员/机构工作人员高于学校教师及行政人员；劳工/事业单位工作人员高于学校教师及行政人员；自由业高于学校教师及行政人员；学生高于学校教师及行政人员。

6. 两岸四地成人在网络自我调控学习素养上，其对学习过程的改进，大陆及台湾高于香港及澳门

在学习过程的改进上，大陆高于香港及澳门；台湾高于香港及澳门。大陆的政府到主办高校机构等，对于学习者藉网络学习的要求，都有严格的评估制度及严格管理制度，每年的考试通过率仅为 30%，且就业、转业又与文凭有关，因此，学习者对网络教育有迫切性需要及对网络学习有主动性自我学习，在学习过程的改进上就会不断地找方法，达到学习的成果。台湾的教育是较依赖传统讲授的方式，现阶段藉数字科技的辅助，其实是一种多元化的学习。但就长远的成人教育观点来看，网络教育是学习者的需求，比较有接纳及改进的空间。

7. 两岸四地成人在网络自我调控学习素养上，其对学习内容的掌握，大陆及台湾高于香港及澳门

在学习的内容的掌握上，大陆高于香港及澳门；台湾高于香港及澳门。由于大陆和台湾的教育方式是比较讲究传统的方式，现阶段藉网络教育的辅助，可协助成人学习者在自我学习成效的提升。然其高等教育机构及教师对学习者在学习内容的掌握方面，尤其网络学习的要求比较严格，学习内容强调是强化学习者跟教师的互动性，具有针对性及实用性，且帮助成人学习者进行知识更新。

8. 台湾的成人在网络自我调控学习素养上，学习的自我激励高于香港及澳门

在学习的自我激励上，台湾高于香港及澳门。台湾的网络教育是受到限制的，其限制不是来自政策或学习者本身，而是来自教育机构；网络的学习受制于高等学校的环境，可是目前台湾的教育环境改变及在终身学习的启发之下，发展网络学习的教育机构就成为成人学习者的最大需要场所。

9. 两岸四地成人在网络自我调控学习素养上，其对积极的自我概念大陆高于香港及澳门，台湾高于香港

在积极的自我概念上，大陆高于香港及澳门；台湾显著高于香港。全球继续教育持续地发展，更增进大陆及台湾的成人在网络自我调控学习的素养上，有更积极的自我表现。早期大陆及台湾的教育受到很多政策的限制，然而现在因继续教育理念的影响，而学习者纷纷投入终身学习的行列，成人学习者在考虑自我的时空因素限制时，会以有网络学习的教育机构作为学习的场所。

第二节 结 论

基于主要研究发现，其结果可归纳为以下之结论，分述如下。

(1) 两岸四地全体及各地之成人在网络自我调控学习素养上的现况，彼此感受大致良好。

就学习过程的改进、学习数据的搜寻、学习内容的掌握、学习的自我激励、积极的自我概念、学习伙伴的寻求六个层面上的得分可知，其两岸四地的成人学习者在目前的现况，大致可接受高等教育机构及教师的教学管理及支持服务，对于自我的学习等方面也有良好的感受。

(2) 两岸四地女性学习者在网络自我调控学习素养上，其学习数据的搜寻及学习伙伴的寻求两个层面上，能力较不及男性学习者。

女性的学习者在网络自我学习的环境中，尤以在学习数据的搜寻及学习伙伴的寻求等两方面，能力不及男性学习者，需要同侪的协助，或是与同侪共同一起

学习，彼此增加情谊及学习气氛。网络教学机构及教师除了对课程设计应注意难易外，也应可以从旁协助，针对学习有障碍的女性学习者给予适当地辅导。

(3) 两岸四地的年青及工学院的学习者，在网络自我调控学习素养上，其学习过程的改进层面上，较其他年龄及学院的学习者差，应辅导其方法及技能，以提升自我学习能力。

年青及工学院学习者大致上对于学习过程的改进，是一成不变的，想法也比较直接，不懂变化，以自我提升学习能力。年青的学习者只是接受，在思辨方面比其他年龄差；工学院的学习者思考亦同，对事物的思考比较直接，所以两者应藉由教育机构及教师不断地辅导，以期自我调整学习的方法或习惯，提升学习能力。懂得在学习过程的改变，乃是要基于经验的需求及学习转移的需求。所以要辅导青年人及工学院的学习者，应训练他们要懂得反向思考，自我寻找答案，这样才能让自己提升学习能力。

(4) 两岸四地的学校教师及行政人员，在网络自我调控学习素养上，在学习的自我激励及积极的自我概念的层面上比其他职业较弱。

学校教师及行政人员所处的工作环境，比较不受外界竞争的影响，所从事的事物单纯变化性不太，且挑战性不强，升迁的管道狭小，对于学习的成果，无法提升生活质量及工作机会；若想藉网络自我调控学习，其自我激励及自我的概念，是应该要借外力激发自己，砥砺自己，期使能自我调控及自我提升。

(5) 港澳的学习者在网络自我调控学习素养上，其在学习过程的改进、学习内容的掌握、学习的自我激励及积极的自我概念层面上，比大陆及台湾的学习者差。

香港及澳门的成人在网络自我调控学习素养上，因在学习过程的改进、学习内容的掌握、学习的自我激励及积极的自我概念层面上较不如大陆及台湾的学习者，并不是港澳的网络教育不够发达，或是学习者非常排斥网络教学；而是政府、学校与老师在网络教学的推行不够积极，发展的空间毫无弹性；要使港澳的学习者在网络教学上，可自我调控的学习，政府的政策及学校的推行应对课程采取弹性的规划，传统的教学及网络的教学比率分配及与企业界实施策略联盟，或是发展跨国、跨区域的资源学习平台。

终身教育的观念，已逐渐带动两岸四地成为一个学习型的社会，网络的学习更可使学习型的社会快速实现。学习者可利用网络的便利性，无时空的限制，任何时间任何地点都可以自我调控的学习。网络的学习是未来学习教育中最能符合时代所需，目前两岸四地的教育政策，试图在推行未来学校，网络的学习教育就是最好的教学方法。

学校及教师是学习者选择网络学习的最主要诱因，学校热诚的服务，以学习者的需求为前提，处处为学习者着想，时时解决学习者的问题及困扰，对于学习者的学习动力不足，可适时适地主动为学习者设想。教师的课程内容的设计能够与企业者所需的知识才能结合，满足学习者能为企业者所用，教师除课程的设计外，仍应配合学校政策的主导，主动掌控学习者的一切状况，遇有学习者不良反应，能于事前与学校结合为学习者主动服务。

两岸四地的教育仍以传统的教学为主，高门坎的入学考试，高等学校多如春笋，地小交通便利等仍是阻碍网络学习的因素；面对面的教学仍为大部分教师及学习者所喜欢，师生课堂上的互动可激起学习的气氛，同侪间的学习可以相互砥砺，搜寻的数据可以互相运用，且自我学习时，可有同侪间可相互激励、相互扶持，因而网络教学在大城市及地小交通方便的地区就比较不好发展。但学位的需求、偏远地区的好学者及企业者的征才需求，是带动网络学习的最大诱因，藉以自我的需要及外在的需要，提升自我知能或智能，网络学习是很好的学习。

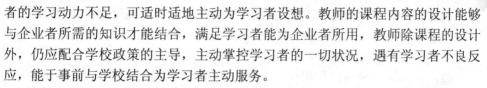

第三节 建 议

有关成人自我调控学习的研究，可谓是方兴未艾，也是有待加强。际此信息社会及终身学习时代，如何学习已是知识工作者的必备条件，而自我调控学习就是"know how"的主要素养，也是自我学习的具体策略之一。回顾以往的研究，率多以传统的高等教育机构学生为主要对象，以成人为对象者仍是凤毛麟角，却是值得深入探究的议题。本节依据研究目的，综合文献、研究发现与结论，分别对两岸四地成人网络学习者、学校及教师，教学的高等教育机构，教育主管机关，作进一步研究的具体建议，以做参考。

1. 对两岸四地成人网络自我调控学习的学习者的建议

两岸四地经由网络学习的在学成人学习者为对象，对其提出建议，供参考之，分述如下：

(1) 加强对自我调控学习素养的认识，并对网络自我调控学习，期能自我评鉴。

由研究结果得知：两岸四地的网络学习差异不大，四地的大城市网络很普遍，学习者的家庭的支持度也提升，相关资料的搜索较以往更为方便，成人的网络学习者皆非常看重学习数据以便来解决学习上的问题；教育机构当然也要鼓励学习者寻找学习伙伴，鼓励学员加入"QQ 群"，有学习伙伴以建立校园学习气氛，学校能经常性举办一些有关课程内容的交流沟通，甚至建立交流平台，则更能帮助学习者增进学习数据及学习伙伴的搜寻。成人网络学习者必须了解自身网络学习的特点以扬长避短，增强学习的有效性。但由于两岸四地成人网络学习者对自我调控学习较为陌生缺乏对自我调控学习的认知，因此学生较少注意到学习过程

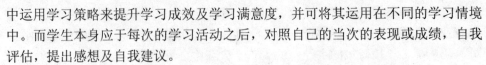
中运用学习策略来提升学习成效及学习满意度，并可将其运用在不同的学习情境中。而学生本身应于每次的学习活动之后，对照自己的当次的表现或成绩，自我评估，提出感想及自我建议。

(2) 应不断地利用同侪相互评量及自我反省学习的成效，以达成自我调控学习素养上的增进。

由研究结果得知：两岸四地的男生在学习数据的搜寻的技巧上比较强且多元，搜寻的能力及速度也比较快。两岸四地的女生在学习的过程中，对伙伴的需求比较强烈，因为女生可由学习伙伴的互动中，增强学习的不足。在学习过程中，他人的支持为一个重要因素，应多培养同侪关系的提升，而同侪之间的互评与建议，除可协助学习者本身认识自我调控学习素养及其与表现之关系外，还可形成互助气氛，营造学习社群。而成人学习者只有通过不断地学习及反思，检讨自己在学习活动各方面表现的优劣，以提升自己的学业表现或是工作表现，显现最佳的学习态度，并结合生涯规划逐渐加深加广，系统地思索问题症结，再搜集相关数据，分析可能的原因并改善。对于成人学习者，虽然部分的个人条件如性别及年龄，不可能被改变，但是部分的条件如认知及技能，则可获得改进。因此，成人学习者如何助长个人条件，以培养自我调控学习的素养，便是一项重要的工作。尤其是在网络学习的情境，如何强化自我调控学习以增进学习效果，将是成人学习者的必备条件。

(3) 在网络学习的情境下，对于计算机及网络等数字科技的操作，能自我提升学习能力。

由研究结果得知，两岸四地的青年人及工学院的学习者，在学习过程的改进上，可能思维较单纯，对事物的思考比较直接，因此，应不断地自我调整学习的方法或习惯，自我提升学习能力。网络学习情境下的自我调控学习行为具有较强的技术特性，成人学习者要顺利进行网络自我学习，在很大的程度上需依赖学习者的计算机及网络操作技术。为了能让成人学习者在网络自主学习过程中逐渐掌握正确的、有效的、规范化的学习行为，学习者需要依靠对自己学习过程中的学习行为进行监视、控制、评价、反思后再决定下一步的学习目标。

2. 对提供网络教学的教师的建议

以两岸四地高等学校机构从事网络教学的教师为对象，对其提出建议，供参考之，分述如下：

(1) 根据学习者的特性，协助学习者培养自我调控学习，并教育学习者能在自我调控学习素养上，提供策略回馈。

大陆与台湾成人在学习内容的掌握上较为积极与良好，成人网络教学的主要对象，是以在职从业人员为主，学习内容具有针对性及实用性，且帮助成人进行知识更新、取得文凭并提升学历以帮助未来就业，与港澳地区的教育目的差异较大。因此，教师应根据学习者的学习特性，协助学习者达成自我调控学习培养并自我调控学习策略提供回馈。学习策略为自我调控学习的核心历程，再加上学习回馈，可协助学习者了解学习技巧与表现之间的关系，以改善学习成效，进而提升其学习满意度。自我调控学习策略，除了理解、记忆学习内容的认知策略之外，尚包括行动控制策略即意志控制策略。此类策略的目的在维持或确保学习目标的达成。然此类策略由于与学科内容的理解无直接关联，以致在教学中并不受重视。但在自我调控学习的过程中，此类策略的确是重要的、不可或缺的策略，它除了与认知策略有关外，亦对学习满意度产生影响，应加以重视。

(2) 应积极地从事自我调控学习的研究，并将习得的成效及相关历程的研究，作策略的共享。

目前针对成人学习者所进行之自我调控学习教学研究甚少，对其教学课程之规划及效果所知仍有限。若要广泛实行此类教学，应对其范围、内容及理论等有更多的认识与了解。因此，期盼有更多相关教学或实证研究出现，以提供更多的信息，作为日后在成人教育教学中参考。在自我调控学习历程方面，尚待研究的课题至少包括有：其他学习焦虑与自我调控学习之关系。此外，可比较同等级但不同教育教象学习者之自我调控学习，探讨其间异同之处。

(3) 应多关注成人学习者的心理反应与学习特点，并藉由网络帮助成人学习，养成良好的网络学习习惯。

因网络学习的环境受限制，因而会造就想以网络学习的学习者，为以提升自我的学识能力，其对自我学习的自我激励较容易发挥。成人进行网络学习与其身心发展、自我概念以及对学习情境的感受有非常密切的关系，教师应该善于发现成人学习者在网络学习中遇到的学习障碍，帮助学习者在网络学习生活中获得成就感与喜悦感。尤其对于刚刚进入网络学习环境的成人学习者，养成网络上的学习习惯是非常重要的，习惯是经过反复练习而形成的较为稳定的行为特征，教师要帮助成人网络学习者养成良好及稳定的网络学习习惯。

(4) 应多提供网络自我调控学习的课程内容设计及管理服务，主动掌握学习者的学习情况。

网络学习环境下的成人学习者自我调控学习模式也并非固定不变的，应随着实务教学的深入而不断发展，不能太过一成不变，其目的是为了提高学习者自主学习水平。教师对学习者提交的作业或考核时的作业进行评判，并将成绩记入个人档案。通过这些课程管理服务，教师可以更全面的掌握学生的学习情况，对学生的学习进行有效的指导并作为教师评价提供参考依据以协助成人学习者开展基于网络的自我调控学习教学活动。

3. 对实施网络教学之高等教育机构的建议

以两岸四地从事网络教学的高等教育机构为对象，对其提出建议，供参考之，分述如下。

(1) 加强网络自我调控学习素养教育，提供并引导学习者正确使用网络协助自我学习，以营造一个良好的网络学习环境。

由于终身教育时代来临，成人学习者若是学历较低或学识自认跟不上时代，则纷纷投入终身学习的行列，因而全民终身教育的成果要比香港及澳门好，自然在自我概念的涵养上，要比较积极。网络飞速的发展正在和影响成人学习者，网络教育学校应全面提升学习者之学习素养加强成人学习者自我学习及自控能力，引导成人学习者树立正确的学习目标定位，并将其内化为自我学习的动力。

(2) 应积极有效地鼓励教师于课程中，融入自我调控学习策略之教学或开设相关之学习课程，并将自我调控学习的教学予以活动化，落实于各种教学及辅导活动之中。

除了从正式学科课程着手外，自我调控学习素养的教导亦可通过潜在课程，以活动化而非科目化的方式进行。为提升两岸四地成人学生自我调控学习素养的知能与方法，学校方面可鼓励教师于学科课程中融入相关的教学，或独立开设相关的学习课程，供学习者选修。

(3) 应加强倡导自我调控学习素养的重要性，并举办相关的教学研讨(习)会。

成人学习者对自己的学习评价，确实与其自我调控学习素养具有密切的关系，显示自我认知及评价等确实与自我调控学习有重要的关系存在。而成人学习者的情意因素会影响其自我调控学习素养及运用，此发现对于学习困难及问题的诊断及谘商，具有相当的实用价值。学校方面应重视并作倡导，除可于学术主管会议中以专题演讲方式进行提醒外，并可于校内办理相关的教学研讨会，供教师进修学习，以便教师适时辅导学习者，增进其学习素养。

(4) 保障网络学习的质量及方便性，给予成人学习者在网络学习进行中能自我监控，以提升学习成效。

网络丰富的资源、超链接的信息呈现、多样的交流方式等优势为自主学习提供了良好的外部支持，但与此同时，网络环境下师生具有的准分离状态、学习行为的隐蔽性及不易感知等特点也对学习者的自我监控造成了一定的阻碍。因此，如何在充分体现自主学习本质的同时，帮助学习者实施有效的自我监控，以提高自主学习的学习质量、保障网络学习的顺利进行就成了一个非常值得关注的问题。

(5) 设立教学暨学习中心，提供藉由网络学习的师生，共享网络资源的服务支持系统。

教学暨学习资源中心的运作必须与整个教学系统作整合，而不是孤立其外的单一部门。教师需善用资源中心作奥援，当作是个人职责之一，考虑学生特质为其提供最适切的支持服务。资源中心的良窳也需要根据多方回馈作评鉴及改进。成人网络学习者所需要的学习支持分布在学习过程的不同阶段，包括课程开始前、课程开始、课程开始初期、课程进行中以及课程进行后等阶段所需的学习支持也不尽相同。因此，对于成人网络学习者的学习支持服务乃是多元化的重要措施，在消极上协助成人减少学习障碍与困难，在积极上协助成人增进其学习效果及提升学习质量。

4. 对网络教育机构主管机关的建议

以两岸四地监督评鉴高等学校教育机构主管机关为对象，有中央单位及地方政府，对其提出建议，供参考之，分述如下：

(1) 应要求教育机构及教师加强对学习者倡导自我调控学习素养的重要性，将自我调控学习素养列为网络教育教师研习的重点。

由研究结果得知，两岸四地的学校教师及行政人员，在学习的环境不会受到生活及工作的压力影响，因而在学习的自我激励及积极的自我概念两方面就表现较差，教师及行政人员，应藉学习环境给予自我增强，学习的自我激励及积极的自我概念。

有鉴于 21 世纪为信息之社会，学习的重点不再仅限于学科内容，学习方法的受思与认识更形重要。因此，成人教育机关有责任与义务提醒成人学习者重视自我调控学习。鉴于自我调控学习素养对成人学生之重要性，有必要网络教育教师自我调控学习素养的相关知能。因此，成人教育主管机关在规划教学研习活动时，可考虑将自我调控学习素养列入主题，提供网络教育教师相关之知能外，并鼓励在教学中协助学生达成自我且有效的学习。

(2) 对藉由网络教学的机构，在课程教材的编撰，应多加评鉴管理，冀望其能善加引导学习者自我调控学习。

学习者的学习素养深深影响着学习表现，因此，学习者的学习素养高低与学习成就有密切关系。香港的大学学制已规划要从三年制改成四年制，资源经费要多依赖科技的辅助，若教科书在编写课程时能着重于一些提升学生网络学习素养的单元或活动，则能有效增进学习者的自我调控学习素养的使用并配合学制度的施行。

(3) 应定期开办理相关研习活动，并制定网络教育的教师有关进修制度及办法。

由研究结果得知：香港及澳门成人网络学习者自我改进能力较为不足。因此，在教学时重在对个别差异的补救与拓展。教学者要在实施教学前充分结合成人网络学习者不同社会背景身份的多元性、职业内容的复杂性、学习动机的现实性等特点，以学习者发展为本分析学生的心理、生理特点和已有知识、能力的情况，针对成人网上学习技能的差异情形引导学习者从而为分组教学或个别指导提供依据。应不断地让成人学习者增进自我调整学习的方法或习惯，自我提升学习能力。成人教育当局应随时办理相关的研习，能让从事网络教育教师能随时补充新的知识与信息以利教学。经由研习造修，教师可增进自我调控学习素养的技能与方法授予学生；随着网络科技的日新月异，藉由崭新的评量方式、一些辅助工具与理论，可达到有效率分析学生学习素养。

(4) 由网络学习所得的文凭及学历，其认证应采用较宽的办法，以强化在职进修的成人学习者对于网络教育的兴趣。

大陆地区对文凭需求非常迫切，举凡就业、转岗(业)与薪水都与文凭有关。因而政府及学校方面在对网络教育最根本的问题，是要怎样解决学习者在学习上的主动性，且要充分认识网络教育长远的大题，资源开发重要作用的意义。

(5) 对进一步研究的建议。

由于本研究为初探性的研究，仍有拓展与讨论的空间，本研究最后针对研究变项及方向等，提出进一步研究的建议，以供后续研究者的参考。有以下内容：

① 研究变项方面。影响学习者自我调控学习素养的因素甚多，后续相关研究可对其他有关学生的自我调控学习素养因素加以采讨，如学习动机、认知形态、学习信念、学习环境、智力、目标设定、成就动机、人格或从教师教学风格等，使研究结果更加周延。并可从相关文献的探讨中，如个人的人格特质、生涯阶段、社会经验地位、焦虑压力等加以探讨。

② 研究对象方面。本研究旨在调查大陆、香港、澳门及台湾四个地区成人网络自我调控学习素养的现况，希望藉由问卷调查及分区访谈的搜集资料及统计分析、访谈结果的呈现，了解四地区通过网络学习的成人学习者自我调控学习素养的内涵，然而成人学习的方式及种类各异，经由网络情境学习只是其中一种，其他如继续教育方式、推广教育等多种途径，其自我调控学习素养是否有差异之处仍待研究及探讨。

③ 研究方法方面。自我调控学习可以被教导，而且必须被学习。诚如前述，个人条件可能影响自我调控学习的应用。对于成人学习者，虽然部分的个人条件如性别及年龄，不可能被改变，但是部分的条件如认知及技能，则可获得改进。因此，成人学习者如何助长个人条件，以培养自我调控学习的素养，便是一项重要的工作。本研究以问卷调查、焦点团体座谈及半结构式专家访谈进行两岸四地成人网络自我调控学习素养的现况虽可窥知大概，但若可以辅以成人学习者的个别访谈则可更进一步探知全貌。

附　　录

附录一　成人网络自我调控学习素养调查问卷

您好：

以往旧的学习观念主要是靠老师来教导，但是在终生学习时代的新观念是学习可以自己来实现。这份问卷就是要通过了解您个人调整及控制学习过程的情形，来编制一份客观的评量工具，以协助成人解决学习困难，提升自我学习效果。您的确实填答将有助于更多的成人增进他们的学习技能。

谨此　致谢。

敬祝

　　健康　快乐

澳门科技大学持续教育学院总监梁文慧

台湾高雄师范大学教育学院院长王政彦

名词解释："学习"在这里不限于知识技能的追求，还包括尝试各种有益身心的活动。

一、成人网络自我调控学习素养量表

【填答说明】这一部分是有关您以网络为学习情境及形态的学习过程中，如何调整及控制自己学习过程的题目，题目并没有标准答案，请根据您个人的真实情况勾选一项最适合您的描述，愈能反映您的真实情况，就愈能客观有效。请在□内勾选您的同意程度。

	总是如此	很不如此	偶少如此	常而如此	从常如此
1. 我认为仔细观察学习的过程很重要。	□	□	□	□	□
2. 我很重视如何增进学习效果。	□	□	□	□	□
3. 我会以经验来比较学习是否有进步。	□	□	□	□	□
4. 我会随时检讨是否有更好的学习方法。	□	□	□	□	□
5. 我会仔细评估学习表现的好坏。	□	□	□	□	□
6. 我知道有哪些渠道可以找到数据。	□	□	□	□	□

	总是如此	很不如此	偶少如此	常而如此	从常如此
7. 我会用入口网站的搜寻工具来找数据。	□	□	□	□	□
8. 我知道如何选择合适的网络数据库。	□	□	□	□	□
9. 我会根据学习内容选择合适的媒体。	□	□	□	□	□
10. 我了解哪些学习数据是我需要的。	□	□	□	□	□
11. 我能在最短的时间内把握数据的重点。	□	□	□	□	□
12. 我能将丰富的学习内容简化成摘要。	□	□	□	□	□
13. 我会划重点来增进对学习内容的了解。	□	□	□	□	□
14. 我会努力地排除学习障碍。	□	□	□	□	□
15. 我会培养快乐的情绪来增进学习效果。	□	□	□	□	□
16. 我会避免别人的批评影响自己的学习。	□	□	□	□	□
17. 我会把鼓励自己当作是支持的力量。	□	□	□	□	□
18. 我会赞美自己杰出的学习表现。	□	□	□	□	□
19. 我是一个自信的人。	□	□	□	□	□
20. 我是一个满意自己各方面表现的人。	□	□	□	□	□
21. 我是一个主动的人。	□	□	□	□	□
22. 我是一个独立的人。	□	□	□	□	□
23. 我是一个乐观的人。	□	□	□	□	□
24. 我会从别人身上学到很多优点。	□	□	□	□	□
25. 我认为学习需要伙伴才会有乐趣。	□	□	□	□	□
26. 我觉得人际关系好学习成就才会高。	□	□	□	□	□
27. 我认为学习需要朋友的帮忙才会有进步。	□	□	□	□	□
28. 我认为人际关系是让学习持续的力量。	□	□	□	□	□

二、个人基本资料

【填答说明】

这一部分是有关您个人的背景资料，主要是在了解不同的学习者在调整及控制自己学习过程上是否有差异。在此是做整体分析而不是个别比较，请您放心依真实情况勾选作答。

1. 性别：　　　(1) 男□　　　　　　(2) 女□

2. 年龄：　　　(1) 24 岁以下□　　　(2) 25～34 岁□　　　(3) 35～44 岁□

　　　　　　　(4) 45～54 岁□　　　(5) 55～64 岁□　　　(6) 65 岁以上□

3. 学院别： (1) 文学院□ (2) 法学院□ (3) 商学院□
   (4) 理学院□ (5) 工学院□ (6) 农学院□
   (7) 医学院□ (8) 管理学院□ (9) 其他____学院□

4. 职业： (1) 无业(含离/退休/下岗)□ (2) 家管□ (3) 军(警)□
   (4) 公□ (5) 教□ (6) 农(渔)□ (7) 工□
   (8) 商□ (9) 自由业□ (10) 学生□

三、机构基本资料

【填答说明】

这一部分是有关您个人就读分校的背景资料，主要是在了解您所就读分校的状况。请您放心依真实情况勾选作答。

(一)地区别：

(1) 大陆 □ (2) 香港 □
(3) 澳门 □ (4) 台湾 □

(二)机构别：

(1) 广播电视大学 □ (2) 网络教育学院 □
(3) 公开(开放、空中)大学 □ (4) 其他网络学习形态□

(三)您就读学院的大约学生数：

(1) 2000 人以下 □ (2) 2000～5000 人 □
(3) 5000～10000 人 □ (4) 10000～15000 人 □
(5) 15000～20000 人 □ (6) 20001 人以上 □

(四)您对目前网络教育学院(开放大学、广播电视大学)的网络学习设施的满意程度为何？

(1) 非常满意 □ (2) 满意 □ (3) 普通 □
(4) 不满意 □ (5) 非常不满意 □

(五)你在目前就读的网络教育学院(开放大学、广播电视大学)所开设的网络学习课程所遭遇到的问题或困难有哪些？(本题为开放问题，请依您目前的学习情形加以叙述)

_____

_____

_____

_____

(非常感谢您的用心填答，请注意有没有遗漏任何题目。)

附录二　两岸四地成人网络自我调控学习素养项目访谈记录

一、大陆、香港、澳门及台湾地区专家学者访谈

(一)时间：2009 年 10 月 21—22 日

(二)地点：澳门科技大学继续教育学院教室获多利中心十楼

(三)受访者：

大陆地区：天津大学孟昭鹏教授、华中科技大学远程与继续教育学院院长张国安、天津继续教育学院院长靳永铭、浙江大学继续教育管理处处长朱善安博士、北京交通大学远程及继续教育学院院长陈庚、清华大学严继昌教授、厦门大学继续教育与职业教育学院副院长杨鸿飞教授、南京大学继续教育学院网络教育学院院长凌元元、汤泽林教授(中国人民大学，已退休)、西安交通大学继续教育学院教授惠世恩。

香港地区：香港公开大学李嘉诚专业进修学院院长吕汝汉教授、香港高等院校持续教育联盟张宝德秘书长、明爱徐诚斌学院校长关清平教授。

澳门地区：澳门科技大学持续教育学院讲师杨玲

台湾地区：高雄师范大学图书馆长朱耀明教授、高雄师范大学成人教育研究所所长杨国德教授、高雄师范大学教育系陈碧祺副教授、高雄空中大学大众传播系宗静萍助理教授、台南大学数字学习科技系黄意雯副教授

(四)访谈者：吴虹仪、杨淑惠、陆象君、黄惠玲、王若乔、保里乃玲、陈明媛、伍凯琳、贾美琳、林锦瑜、李嵩义、龚双庆。

(五)访谈题目：

(1) 从量表得知，大陆及台湾地区成人在网络的学习过程的改进上优于港、澳地区，您认为无差异的可能原因为何？您认为大陆成人网络学习者其学习过程改进的具体策略为何？

(2) 从量表得知，在学习的掌握上，大陆及台湾较港、澳为佳，您认为此差异的可能原因为何？您认为大陆成人网络学习者对学习内容掌握的有效策略为何？

(3) 您认为大陆地区有哪些有效策略可激发成人网络学习的动机？

(4) 从问卷调查结果得知，在成人网络学习者的自我概念上，大陆较香港积极，您认为此差异的可能原因为何？您认为大陆是如何增进成人网络学习者自我概念以提升其自我调控学习素养？

(5) 从问卷调查结果得知，两岸四地的成人网络学习者在搜寻学习数据及寻求学习伙伴上并无差异，其可能原因为何？请提供如何增进学习数据搜寻及学习伙伴寻求的具体策略？

(6) 为避免两岸四地的成人网络学习遭遇困难而中辍，提供网络学习的学校

或机构，应有哪些具体的学习辅导或支持策略，以避免学生学习中辍？在教学活动及课程设计上，需要提供哪些有利的配套措施？

(7) 整体而言，虽然大陆的成人网络自我调控学习素养优于香港、澳门，但对于大陆成人的自我调控学习素养如何再增进，以提升网络学习的成效？

(8) 从调查表两岸四地的比较结果，对于大陆培育成人自我调控学习素养，以提升网络学习成效，具有何启示及意义？

(9) 根据您对两岸四地大学发展网络教育的了解，您对于对路成人网络学习现况的改进及未来发展的具体建议为何？

二、台湾地区焦点团体座谈记录

(一)时间：2009 年 10 月 02 日(星期五)上午 09：30-11：30

(二)地点：高雄师范大学和平校区教育大楼 1313 室

(三)主持人：高雄师范大学教育学院院长 王政彦教授

澳门科技大学持续教育学院总监 梁文慧教授

(四)访谈者：高雄师范大学图书馆长 朱耀明教授

高雄师范大学成人教育研究所所长 杨国德教授

高雄师范大学教育系 陈碧祺副教授

高雄空中大学大众传播系 宗静萍助理教授

台南大学数字学习科技系 黄意雯副教授

(五)访谈题目：

(1) 从量表得知，大陆及台湾地区的成人在网络的学习过程的改进上优于港、澳地区，您认为此发现的可能原因为何？提升港、澳地区成人学习过程改进的具体策略为何？

(2) 从量表得知，在学习内容的掌握上，大陆及台湾较港、澳为佳，您认为此发现的可能原因为何？提升港、澳地区成人网络学习者对学习内容掌握的有效策略为何？

(3) 从量表得知，台湾地区的成人在学习的自我激励上比港、澳地区的成人高，其可能原因为何？有哪些有效策略可激发成人网络学习的动机？

(4) 从问卷调查结果得知，在成人网络学习者的自我概念上，大陆较香港积极，台湾较澳门积极。您认为要如何增进成人网络学习者的自我概念以提升其自我调控学习素养？

(5) 从问卷调查结果得知，两岸四地的成人网络学习者在搜寻学习数据及寻求学习伙伴上并无差异，其可能原因为何？请提供如何增进学习数据搜寻及学习伙伴寻求的具体策略？

(6) 为避免两岸四地的成人网络学习者遭遇困难而中辍，提供网络学习的学

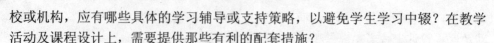

校或机构，应有哪些具体的学习辅导或支持策略，以避免学生学习中辍？在教学活动及课程设计上，需要提供那些有利的配套措施？

(7) 整体而言，虽然大陆及台湾的成人网络自我调控学习素养优于香港、澳门，但应如何提升台湾地区成人的自我调控学习素养，以增进网络学习的成效？

(8) 从量表两岸四地的比较结果，对于台湾地区培育成人自我调控学习素养，以提升网络学习成效，具有何启示及意义？

附录三 两岸四地成人网络自我调控学习素养的比较研究访谈记录

一、大陆专家学者访谈记录

访谈一

(一)日期：2009 年 10 月 20 日

(二)地点：澳门科技大学持续教育学院获多利中心十楼

(三)受访者：天津大学孟昭鹏教授

(四)访谈者：吴虹仪

(五)访谈：

(1) 从量表得知，大陆及台湾地区成人在网络的学习过程的改进上优于港、澳地区，您认无差异的可能原因为何？您认为大陆成人网络学习者其学习过程改进的具体策略为何？

答：认为最大的差异可能是学生本身素质比较高，只有少部分学生能继续就学，还是很多很优秀的学生不能学习，所以学生素质本身较好。

学生本身要求自己的自觉性很高，应要出人头地，就要学习，因为要做服务员也要读书，读越高能得到更高职位，可以有能力去跟别人竞争。

减少成本，事先录制下来，学习者可以在同一个时间，不同地点进行学习。

(2) 从量表得知，在学习的掌握上，大陆及台湾较港、澳为佳，您认为此差异的可能原因为何？您认为大陆成人网络学习者对学习内容掌握的有效策略为何？

答：多媒体学习信息较完备，学生除了可以在在线观看老师教学，学校也有规定每个星期学习的进度表，学习点所需要花的时间(一般学生平均的时间)，并且给予一定的作业，并且在考前还有规划一个考前辅导，将内容再做一个重点大纲。EX 考试可分为：①出席率、提问题、四次作业占 20%～30%。②考试占 80%。

(3) 您认为大陆地区有哪些有效策略可激发成人网络学习的动机？

答：与企业做合作保证念完一定有工作可以做(企业跟学校合作，训练出可以一毕业就可以就业的学生)。奖学金政策。优秀的学习者，可以不用付学费。

(4) 从问卷调查结果得知，在成人网络学习者的自我概念上，大陆较香港积极，您认为此差异的可能原因为何？您认为大陆是如何增进成人网络学习者自我概念以提升其自我调控学习素养？

答：因为想找一份工作并不容易，所以在自我概念就会有比较强的意志给予各方面的帮助。给予学生想要的，学生想要工作，就给学生工作。学生哪一方面课业不懂，就再给予指导，除了网络教学外，假日时学校还会派出老师进行面对面的教学。

(5) 从问卷调查结果得知，两岸四地的成人网络学习者在搜寻学习数据及寻求学习伙伴上并无差异，其可能原因为何？请提供如何增进学习数据搜寻及学习伙伴寻求的具体策略？

答：计算机普及率高。彼此之间作交流，做资源的整合。EX 大陆与台湾可以做资源共享，或是教学共享。

(6) 为避免两岸四地的成人网络学习遭遇困难而中辍，提供网络学习的学校或机构，应有哪些具体的学习辅导或支持策略，以避免学生学习中辍？在教学活动及课程设计上，需要提供哪些有利的配套措施？

答：提供各方的资源，从老师那了解学生的学习状况，请老师可以给予学生帮助(老师自主性很高，所以没办法干涉太多)；从学生那了解的学习困难，给予补考的机会，面对面教学进行补救。每个星期掌握学生的学习状况，让学生能顺利完成学习。

(7) 整体而言，虽然大陆的成人网络自我调控学习素养优于香港、澳门，但对于大陆成人的自我调控学习素养如何再增进，提升网络学习的成效？

答：在教学管理上再做改进，让学生能真正学习，让学生能更自动自发学习。

(8) 从量表两岸四地的比较结果，对于大陆培育成人自我调控学习素养，以提升网络学习成效，具有何启示及意义？

答：能更多的减少教学成本，学校与政府、行会合作，发展出更多元的教学，提供更多的学习内容，来服务学生。

(9) 根据您对两岸四地大学发展网络教育之了解，您对于有针对性的成人网络学习现况的改进及未来发展的具体建议为何？

答：做认证的教学，使各行各业可以更专业化。与更多的企业与行会合作。

访谈二

(一)日期：2009 年 10 月 20 日

(二)地点：澳门科技大学持续教育学院获多利中心十楼

(三)受访者 A-2：华中科技大学远程与继续教育学院院长张国安(本人在此服务 20 多年，担任院长 4 年多，觉得网络学习很有意义。看到学生的进步很有成就感，学生也会在网络学习上提供意见，院长信箱让师生互动更好，华中科技大学每年毕业生 2 万多人)。

(四)访谈者：杨淑惠

(五)访谈：

(1) 从表1得知，大陆及台湾地区成人在网络的学习过程的改进上优于港、澳地区，您认无差异的可能原因为何？您认为大陆成人网络学习者其学习过程改进的具体策略为何？

答1-1：

A：政府重视，正确推动。

B：社会的需要。(教育的需求。由于大陆前几年网络的推动，网络教育人群需求较大，大家都有接受高等教育的渴望。)

C：有成熟的经验。(比如网络教育在许多国家形成，规模被许多人所接纳认可。)

D：大陆有很好的教育基础。高效率的推动。网络学习的积极性愈来愈高。教育部严格控制网络学习。政府目前有开放网络学校68所。

E：从政府到主办高校有严格的评估制度。严格管理制度十分规范。保证了网络教育的资质。

F：抓住网络教育特有的特点。以人为本，个性化教育，活性教育，有生命力的特点及创新。

1-2：

A：政府政策在可行性上：现政府对网络管理较严为主要特性。

B：政府要进一步加大投入。

C：网络教育学生有配套保证辅导体系(目前显得薄弱)。

D：靠主办的优势面向全国的学习，全面提高网络学习的水平。

E：网络教育最根本在资源技术支撑。教育部、高校要怎样解决学生晚上学习的主动性。

F：要充分地认识网络教育长远的大题。资源开发重要作用的意义。能坐到电视屏幕前学习。大陆庞大的系统在推动教育充分利用网络升级。

2. 从量表得知，在学习的掌握上，大陆及台湾较港、澳为佳，您认为此差异的可能原因为何？您认为大陆成人网络学习者对学习内容掌握的有效策略为何？

答2-1：

A：政府高度重视(针实用性技能、职业技能、职业水平十分重视。继续教育就可顺应政府的要求，包括现在要突显应用性。

B：大陆就业压力大。办任何学习，学生要学以致用。要能增强就业竞争力。大陆学生很有紧迫感。

C：有行业学会推进。(网络考试委员会)内容上有总体把握的提升。推动学生学习手册及网络要求。

答 2-2：

A：主办高校重视时时和非时时的学习是学生掌握学习知识最主要的渠道。时时的学习为主要(随时即问即答)。非时时的学习放到网上(老师会解答)。

B：从制度上学习者掌握学习特点。学习中心负责一定比例的评分为主办高校成绩。平时老师也会评分学生的学习成果。评价学生主动学习状况。

C：严格教学过程。对主讲老师所编制的网络课程要求很高。每个环节都有要求。对学习过成的管理。

D：网络学习要拿到本科学位。不掌握学习内容就拿不到分数(平均要 80 分以上)。国家网络考试委员会必须通过。

E：与大陆发展速度太快。一年一个样。三年一个商业城。对人的要求愈来愈高。(不想失去位置必须再学习。)

F：大陆追求国际化，追求专业化，精细化，不能搞笨重、粗糙的产品，精、美、细、小竞争才能赢。对专业化的水平，人们的需求愈来愈高。大家不会满足现有人力资源，对再提升 20%，自上而下。教育才有成果。

3. 您认为大陆有哪些有效策略可激发成人网络学习的动机？

答：A：家家户户都重视学习。家庭对学习的投入比例很大。不学习就没有办法工作。学英语没实力就上不了班。潜在社会学习倾向。(重视学习，尊师重道)在大陆夫妻收入的 80%。都用在自己或子女的学习上。工人甚至全部用在子女的身上。

B：大陆目前有形无形对文凭学历放在第一。第二考察能力(培育具有本科以上学历)肯定工作。年轻人要通过教育(网络学习、其他学习)。

C：与大陆国策有关。能人会愈来愈多。第一个做出中长期国家发展大纲是中国。教育部现在有一个终身学习体系(写在国家纲领)——2020 年国家发展纲要。推动终身教育。任务由高等教育负责。奖励办学。

4. 从问卷调查结果得知，在成人网络学习者的自我概念上，大陆较香港积极，您认为此差异的可能原因为何？您认为大陆是如何增进成人网络学习者自我概念以提升其自我调控学习素养？

答 4-1：

A：环境使然。大陆教育的有效性。不这么做不行，学了找不到工作。苛刻的工作条件，学习就必须强化专业性(最根本原因)。

B：学习者成才的欲望，改变身份的想法很强。从事服务行业的(做餐饮、养殖、企业等)通过继续教育，不仅能改变现状，很可能更加进步。

答 4-2：

A：在观念正确、用人政策、发展变化下，这些变化都有助于增加调升学习方向。提升自我内心学习预期。

B：前面有提到。

5. 从问卷调查结果得知，两岸四地的成人网络学习者在学习数据搜寻及寻求学习伙伴上并无差异，其可能原因为何？请提供如何精进学习数据搜寻及学习伙伴寻求的具体策略？

答 5-1：

A：肯定差异不大。影响因素、网络平台与资源技术有一定关系。两岸的网络差异不大，规模上都有差额。

B：四地尤其是大城市网络很普遍。网络要进乡村，让县乡镇都有网络，县以下网络速度会慢一些。

答 5-2：

上面有提到。

6. 为避免两岸四地的成人网络学习遭遇困难而中辍，提供网络学习的学校或机构，应有哪些具体的学习辅导或支持策略，以避免学生学习中辍？在教学活动及课程设计上，需要提供哪些有利的配套措施？

答 6-1：

A：充分依靠学习中心。在职学习的管理要配合班主任。(发现有学员没有学习，马上联系了解状况。)

B：定期集中辅导面授。(不采取不行)

C：教学管理延长学制。(大专可 2～5 年读完)

答 6-2：

A：课有三部分，a 电视教学、b 评分、c 课兼包：想听那一节就听那一节。学生要经历三个阶段。

B：有利学生的课程。功能就会补上去。

C：任何一种办学行式都会遇到问题。不能有预到问题就否认教学成果。教育是长远的。

7. 整体而言，虽然大陆的成人网络自我调控学习素养优于香港、澳门，但对于大陆成人的自我调控学习素养如何再增进，已提升网络学习的成效。

A：有评认学习过程。对于学习者需要是有一些问题。如何增强学习者的竞争力，改善远程教育课程，内容更符合教育的特点。

B：网络教育的特点。针对网络教育专科程度，如何改进教材，使受教育学生能更协调。在教科编制上满足学生的需求。

8. 从两岸四地的比较结果，对于大陆培育成人自我调控学习素养，以提升网络学习成效，具有何启示及意义？

A：肯定很有意义。通过分析了解大陆在网络学习的这一部分，还有发展空间，数据证明这一点。提升学习成效是长期过程，几年就想改变不太可能，教育是个慢功夫。

B：从数据还是比较真实。怎样根据学生的自我调控来进行各项能力培养。不只大陆，是很多地区面临的问题。

9. 根据您对两岸四地大学发展网络教育的了解，您对于对路成人网络学习现况的改进及未来发展的具体建议为何？

答 6-2：上面有讲到。

访谈三

(一)日期：2009 年 10 月 20 日

(二)地点：澳门科技大学持续教育学院获多利中心十楼

(三)受访者 A-3：天津继续教育学院院长靳永铭

(四)访谈者： 陆象君

(五)访谈：

(1) 从量表得知，大陆及台湾地区成人在网络的学习过程的改进上优于港、澳地区，您认无差异的可能原因为何？您认为大陆成人网络学习者其学习过程改进的具体策略为何？

答：天津大学与其他校不同，网络学院与继续教育学院分立，1986 年成立，为全国第一批核准六校之一，2004 年改名为继续教育学院，而 2000 年成立网络学院，为天津大学与民间企业共同经营模式，相关网络信息较本学院更深入及更专业。

基于求学人口与办学不能配合，各项资源均投入正规教育，本学院早期入学困难，为提高入学机会，解决入学困境，招收(第三批)学生入学，相对学生程度较差，网络学习不见得优于台湾及港、澳，学习过程策略详细内涵应请教网络学院较佳。

(2) 从量表得知，在学习的掌握上，大陆及台湾较港、澳为佳，您认为此差异的可能原因为何？您认为大陆成人网络学习者对学习内容掌握的有效策略为何？

答：学习的内容与课程部分，继续教育着重学历，希望取得文凭，以便就业。继续教育创办起点较高，教学教材大纲与普通大学无太大差异。学生课本较为制式，师生互动较为不足，在实践上也未臻完美。

(3) 您认为大陆有哪些有效策略可激发成人网络学习的动机？

答：选择网络学习以获得文凭为主，有学历之动力较为吸引人，在职进修者人数比较少。目前国家鼓励多形态的入学选择，强调规范的重要性，提高学生质量。

(4) 从问卷调查结果得知，在成人网络学习者的自我概念上，大陆较香港积极，您认为此差异的可能原因为何？您认为大陆是如何增进成人网络学习者自我概念提升其自我调控学习素养？

在职学生的自我概念较高，就业时仍以文凭为导向，但学校正在转变中，就业仍有不完美的现象。本校网络学习的概念与企业合作，且与工会系统结合，提供公费补助以及政府资金支助，学校也可免除某些同学的学分费。如劳动模范等，目前亦有推荐制度，也吸引大量学生主动报名，学费也较低，比网络学院更能吸引学生。

（5）从问卷调查结果得知，两岸四地的成人网络学习者在学习数据搜寻及寻求学习伙伴上并无差异，其可能原因为何？请提供如何增进学习数据搜寻及学习伙伴寻求的具体策略？

答：目前本校计算机已达普及化的水平，学生家庭支持度也在提升，网站方便性与先进国家无异，故网络普及性高。相关资料的搜索较以往更为方便，本校应积极筹办无线上网，此乃本校在网络学习上的重点措施。

（6）为避免两岸四地的成人网络学习遭遇困难而中辍，提供网络学习的学校或机构，应有哪些具体的学习辅导或支持策略，以避免学生学习中辍？在教学活动及课程设计上，需要提供哪些有利的配套措施？

答：为避免中辍，下列数项可为参考：

A：由培养成人学习的立场而言，应着重在职人员训练，且国家政策的重点为在职人员。

B：上课时间以下班时间为主，不影响工作。

C：网络学院多为应届高中生，辍学状况相对较少。

D：避免工作的调动。

E：积极鼓励学习，避免跟不上的现象出现。

F：多提供就近学习的机会，但重点课程应维持质量，避免在教学点上课质量降低。

7. 整体而言，虽然大陆的成人网络自我调控学习素养优于香港、澳门，但对于大陆成人的自我调控学习素养如何再增进，以提升网络学习的成效？

答：提升网络学习的成效有下列建议：

A：学生入学成绩较低，不见得优于台、港、澳地区。

B：管理要严格，且依政策确实执行。

C：设备应积极提升，目前仍低于台港地区。

D：师资定位应提高，聘请名师及学有专长学者，教学能力佳，自然可吸引学生就学。

（8）量表在两岸四地的比较结果，对于大陆培育成人自我调控学习素养，以提升网络学习成效，具有何启示及意义？

答：值得启示与参考项目如下：

A：教育部管制严谨。

B：教学评估依计划执行，对教学有督促的效果。

C：评鉴成果对学校影响深远，故学校均积极重视。

D：遇问题及时改进避免拖延。

E：制裁措施确实执行，以收时效。

(9) 根据您对两岸四地大学发展网络教育的了解，您对于对路成人网络学习现况的改进及未来发展的具体建议为何？

答：建议如下：

A：积极不断改进。

B：形式正确重要。

C：提升学生自学能力。

D：加强面授时间，以便鼓励学生。

E：网络应结合师生互动，避免问题无法寻求解答。

访谈四

(一)日期：2009 年 10 月 20 日

(二)地点：澳门科技大学持续教育学院获多利中心十楼

(三)受访者 A-4：浙江大学继续教育管理处处长朱善安教授(处长认为，因为此调查的数据差异不大、落在标准差之内，所以结果不够客观，但所有问题的调查结果均落在大陆的趋势优于其他地区，表示的确存在这样的情况。)

(四)访谈者：黄惠铃

(五)访谈：

(1) 从量表得知，大陆及台湾地区成人在网络的学习过程的改进上优于港、澳地区，您认无差异的可能原因为何？您认为大陆成人网络学习者其学习过程改进的具体策略为何？

答：原因为个人需求及密集度，港、澳地区密集度较高、资源集中，所以改进度不无这么明显。

(2) 从量表得知，在学习的掌握上，大陆及台湾较港、澳为佳，您认为此差异的可能原因为何？您认为大陆成人网络学习者对学习内容掌握的有效策略为何？

答：港、澳两地在学习内容的掌握性较弱是否真为不好，在日后的学习成果看来，港、澳两地的就业和想法都比较有创意性，且已晋升为能力社会，大陆仍停留在文凭至上的阶段。

(3) 您认为大陆有哪些有效策略可激发成人网络学习的动机？

激发成人网络学习的动机不外乎两个原因：一为自发学习且未来是网络通信世界，二为外力及市场经济因素。

(4) 从问卷调查结果得知，在成人网络学习者的自我概念上，大陆较香港积极，您认为此差异的可能原因为何？您认为大陆是如何增进成人网络学习者自我概念提升其自我调控学习素养？

答：社会需求及高速发展的因素使得成人再进修的目的十分明确，所以会更积极去学习及提升。

(5) 从问卷调查结果得知，两岸四地的成人网络学习者在学习数据搜寻及寻求学习伙伴上并无差异，其可能原因为何？请提供如何增进学习数据搜寻及学习伙伴寻求的具体策略？

答：成人的网络学习者皆非常看重学习数据以便来解决学习上的问题，而搜寻能力与地域无关。

(6) 为避免两岸四地的成人网络学习遭遇困难而中辍，提供网络学习的学校或机构，应有哪些具体的学习辅导或支持策略，以避免学生学习中辍？在教学活动及课程设计上，需要提供哪些有利的配套措施？

答：为避免中辍，下列数项可为参考：

A. 学分制：八年内有效。

B. 学习实用的知识技能，不偏重理论。

C. 设立便捷的平台以利师生、学生间的交流。

(7) 整体而言，虽然大陆的成人网络自我调控学习素养优于香港、澳门，但对于大陆成人的自我调控学习素养如何再增进，以提升网络学习的成效？

答：为成人学习者设计适合的课程内容，要求老师精评课程。

(8) 从量表两岸四地的比较结果看，对于大陆培育成人自我调控学习素养，以提升网络学习成效，具有何启示及意义？

答：网络学习是未来成人学习的趋势，它的成长是迅速的，它也会为成人学习者带来变化。

(9) 根据您对两岸四地大学发展网络教育的了解，您对于对路成人网络学习现况的改进及未来发展的具体建议为何？

答：大陆在继续教育这块上有 68 高校，其意见及实行策略一校一制，需要施行总体评估，才能更增进这方面的成长，提升质量水平。

访谈五

(一)日期：2009 年 10 月 20 日

(二)地点：澳门科技大学持续教育学院获多利中心十楼

(三)受访者 A-5：北京交通大学远程及继续教育学院院长陈庚教授(院长表明回答为个人推测，仅代表个人意见。)

(四)访谈者：王若乔

(五)访谈：

(1) 从量表得知，大陆及台湾地区成人在网络的学习过程的改进上优于港、

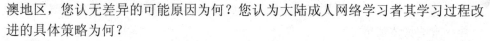

澳地区，您认无差异的可能原因为何？您认为大陆成人网络学习者其学习过程改进的具体策略为何？

答：原因为密集度，因为大陆幅员较广，偏远地区在以前是毫无网络这些资源的，例如新疆地区(尤其是南疆地区)是非常偏远，经济较落后，但是因为近期远程教学的兴起，设置卫星及远程教室让学生上课，且配合中央政府的教育政策两免一补(不收学费及学杂费，来上课还附午餐)，大增学习者的学习动力，而这些改进是大幅成长的，在斜率图看来攀升度很快，而港澳地区密集度较高、资源集中，所以改进度不无这么明显，所以在调查表上才会有此差异。

(2) 从调查表得知，在学习的掌握上，大陆及台湾较港、澳为佳，您认为此差异的可能原因为何？您认为大陆成人网络学习者对学习内容掌握的有效策略为何？

答：原因在于教育的背景；在教育背景看来，大陆和台湾地区都是属于老祖先的方法，属于讲究传承传统的方式，其学习的要求上还是很高也很严格，讲求"背"及"全盘学习"的重要性，而港、澳地的学习背景因为在回归祖国前是受欧洲统治，所以其教育方式较偏西方，讲究自发性学习，学风较自由不受限制，所以在课程掌握上或较弱于大陆及台湾地区。但是陈庚院长又提到，虽然港、澳两地在学习内容的掌握性较弱是否真为比较不好，在日后的学习成果看来，港、澳两地的就业和想法都比较有创意性，所以还有值得探讨的空间。

(3) 您认为中大陆有哪些有效策略可激发成人网络学习的动机？

答：激发成人网络学习的动机不外乎两个原因：一为自发学习、自己想学习，二为外力强迫学习。先说"诱"的学习：首先要有生动的学习资源，活化学习资源，其学习知识服务的增强，要支持学生学习及配合政府政策的施行增强此方面资源。二说"逼"的学习：大陆方面在教学考核上是满严格的(行程性考核)，会有固定时间施行考核验收成果，除了观察 20%～30%的平时成绩，另外在教室中进行纸笔的测验，还包括一些需要实际计算机的网络操作测验，以检测学习成果。

(4) 从问卷调查结果得知，在成人网络学习者的自我概念上，大陆较香港积极，您认为此差异的可能原因为何？您认为大陆是如何增进成人网络学习者自我概念提升其自我调控学习素养？

答：网络学习讲究的就是自制力，且认为在成人网络学习者的自我概念上香港地区是较大陆积极的，但是若调查出来若为如此，可能的原因为在求学整体的素质和升学率的问题，香港差异较大陆小，香港大学升学率大概为 50%左右，而大陆其在进修的升学率为 10% ～ 20%，所以大陆的成人再进修的机会较低，但是目的十分明确，所以会更积极去学习及提升。

(5) 从问卷调查结果得知，两岸四地的成人网络学习者在学习数据搜寻及寻求学习伙伴上并无差异，其可能原因为何？请提供如何增进学习数据搜寻及学习伙伴寻求的具体策略？

答：在此分面无差异是很好的现象，成人的网络学习者皆非常看重学习数据以便来解决学习上的问题，讲求所搜寻的资料可以解决实际生活、工作上的难题；且乐见于语学习伙伴一起学习，这对于成人学习者来说是愉悦的，所以此方面在两岸四地的成人网络学习上无差异是正常且良好的。

(6) 为避免两岸四地的成人网络学习遭遇困难而中辍，提供网络学习的学校或机构，应有哪些具体的学习辅导或支持策略，以避免学生学习中辍？在教学活动及课程设计上，需要提供哪些有利的配套措施？

答：由四点来说明：a. 设立便捷的平台以利师生、学生间的交流；b. 定期的访会，让学生了解自我的学习状态，尤其会针对程度较落后的学生；c. 主动帮助学生学习中的困难并尽快回复及关心学生状况；d. 要支持学生并定期有群体会面的机会，不要只是纯网络学习，要成人同约时间到齐会面是较困难的，但是多组织几次会面即可拉拢学生学习的心，又可有面对面的交谈及心得交换、彼此交流。教学活动和课程设计是相辅相成的。

陈院长认为若只有资源而没有活动来配合那这个资源就是死的，例如在数据上后面多附上学习单，例如有回答问题、心得等，则学生对数据的记忆度及认真度会大大提升，提高资源的价值性的同时，也提高学生的吸收度。

(7) 整体而言，虽然大陆的成人网络自我调控学习素养优于香港、澳门，但对于大陆成人的自我调控学习素养如何再增进，以提升网络学习的成效？

陈庚院长认为题目略同为题目四，所以跳过回答。

(8) 从调查表两岸四地的比较结果看，对于大陆培育成人自我调控学习素养，以提升网络学习成效，具有何启示及意义？

答：终身教育是不可缺的且也是未来的必然趋势，学校有责任灌输在学学生和即将毕业的学生终身学习的概念，提升终身学习的意识，网络学习是未来成人学习的趋势，它的成长是迅速的，它也会为成人学习者带来变化，但是在现在的学生大多是在传统体制下出身，不善于使用网络且没有经验，所以对于网络的学习操作是较于困难的，所以更要灌输他们在未来学习上网络学习是学习的基本特质，提升他们在学习上的绩效，当然在未来会因为网络的普遍，网络学习的施行会愈来愈趋于容易。

(9) 根据您对两岸四地大学发展网络教育的了解，您对于对路成人网络学习现况的改进及未来发展的具体建议为何？

答：在日前参加台湾的学术交流研讨会，了解到台湾的"远程教学交流暨认证网"，比起大陆的认证中心其各有利弊，认为应该彼此吸收其利舍其弊，对于未来的具体建议即为"交流"。大陆在继续教育这块上有 68 高校，其意见及实行策略一校一制，因为网络学习是新东西，每校都要自己的独到见解，但是就是需要透过不断的交流、开会研讨来达成共识，而且还要是不同"层面"的交流，因为很多需要技术是更专业的，不只是高层的交流，一线人员的交流更是不可忽视，所以彼此间的研讨及互动，才能更增进这方面的成长。

访谈六

(一)日期：2009 年 10 月 20 日

(二)地点：澳门科技大学持续教育学院获多利中心十楼

(三)受访者 A-6：严继昌教授。(中国在远程教育的发展策略相较于台湾，有了更多来自政府、企业、学校的支持与协助，使得远程教育在推广的路程有了较多元的方式。也同时依照社会与企业的需求，结合双方的专业来营造出一个适合高等教育的远程教育与学习模式。)

(四)访谈者：保里乃玲

(五)访谈：

(1) 从调查表得知,大陆及台湾地区成人在网络的学习过程的改进上优于港、澳地区，您认无差异的可能原因为何？您认为大陆成人网络学习者其学习过程改进的具体策略为何？

答：这可以从质与量上来说，质上面的成效无法证明、看不出来，但数量上肯定是大的。大陆从十六与十七届党大会中即明确地提出并说明发展远程教育，并且国务院自 1998 年即指导进行 "教育行动振兴计划书"。

(2) 从调查表得知，在学习的掌握上，大陆及台湾较港、澳为佳，您认为此差异的可能原因为何？您认为大陆成人网络学习者对学习内容掌握的有效策略为何？

答：于 1999 年全国 69 所(其中 68 所百名内大校与 1 所名校)开设 1500 多个远程相关教育课程的教学中心，并自主办学。并指定 4 所(清华大学、浙江大学、北京邮电大学、湖南大学)为远程教育指导学校，设立远程教育学位课程。并由 69 所学校在全国设立 9000 多个学习中心，从 1999—2009 年间共招收了 820 万名学生参与远成教育的学习。这个数字是中国高等教育在校生人数的八分之一。

(3) 您认为大陆有哪些有效策略可激发成人网络学习的动机？

答：面向行业办学，课程设计针对需求开课。清华大学校长王大中于 1994 年，与香港曹光彪先生合作，曹先生捐地、设备，开始了远程教育向全国的招生。开始针对高等教育的学生，由企业来赞助资金，并由清华大学开始做接班人教与的培育工作。

(4) 从问卷调查结果得知，在成人网络学习者的自我概念上，大陆较香港积极，您认为此差异的可能原因为何？您认为大陆是如何增进成人网络学习者自我概念提升其自我调控学习素养？

答：这可以从质与量上来说，质量(质量)上面的成效无法证明、看不出来，但数量上肯定是大的。

(5) 从问卷调查结果得知，两岸四地的成人网络学习者在学习数据搜寻及寻求学习伙伴上并无差异，其可能原因为何？请提供如何增进学习数据搜寻及学习伙伴寻求的具体策略？

答：大陆在自我发展能力上通过计算机网络课程(上述的 9000 多个学习中心)；而在学生自我学习能力上则通过教师授课的方式进行。

(6) 为避免两岸四地的成人网络学习遭遇困难而中辍，提供网络学习的学校或机构，应有哪些具体的学习辅导或支持策略，以避免学生学习中辍？在教学活动及课程设计上，需要提供哪些有利的配套措施？

答：对于中辍，目前无辅导措施。

(7) 整体而言，虽然大陆的成人网络自我调控学习素养优于香港、澳门，但对大陆成人的自我调控学习素养如何再增进，以提升网络学习的成效？

答：大陆在自我发展能力上通过 computer networking(上述的 9000 多个学习中心)；而在学生自我学习能力上则通过教师授课的方式进行。

(8) 从调查表两岸四地的比较结果，对于培育成人自我调控学习素养，以提升网络学习成效，具有何启示及意义？

答：不太有差别。

(9) 根据您对两岸四地大学发展网络教育的了解，您对于对路成人网络学习现况的改进及未来发展的具体建议为何？

网络教育是一种手段。为终身教育体系与社会学习之路。所以在自主性上更强，适合多元的从业人员。在高等教育的实施上， 因设有最低与最高修业年限，专科生与本科生均有不同的限制，所以未来在修业年限上仍须多着墨。

访谈七

(一)日期：2009 年 10 月 20 日

(二)地点：澳门科技大学持续教育学院获多利中心十楼

(三)受访者 A-7：厦门大学继续教育与职业教育学院副院长杨鸿飞教授

(四)访谈者：陈明媛

(五)访谈：

(1) 从调查表得知，大陆及台湾地区成人在网络的学习过程的改进上优于港、澳地区，您认无差异的可能原因为何？您认为大陆成人网络学习者其学习过程改进的具体策略为何？

答：A：差异原因：本人对港澳台的网络学习状况不是很熟悉，但我可就大陆的发展情况跟你谈谈。

B：具体策略：两岸四地最大的差异应该是大陆可通过网络学习取得正式文

凭。一般而言大陆各级学历文凭的取得,虽可独立招生、考试仍需经"招生办"控管。但就网络学习领域却可自主招生与考试,并可获得正式文凭。目前有专科及本科(即学士学位)学历。已开办 10 年,现有 68 所高校办理网络学习共近 300 万人进行网络学习以取得本科学历,厦门大学就有 5 万多名网络学生。教育部只有基本学分限制,没有其他特别要求。

优点:众所皆知学习以小班教学质量最好但费用却高。但网络学习不受时空限制、自由、成本低且降低文盲比例提高专科及本科的人口,让高等教育大众化。

缺点:师生没有接触,只面对冰冷的机器,学习较无趣味。需思考如何提高质量。

(2) 从调查表得知,在学习的掌握上,大陆及台湾较港、澳为佳,您认为此差异的可能原因为何?您认为大陆成人网络学习者对学习内容掌握的有效策略为何?

答:A:可能原因是大陆网络学习课程安排为系统式有整体性,非部分课程。主要原因:政府重视,所以投入大量资源、网络建置信息极多,且为主要学习方式所以成效好。另因为社会需要所以激励成人自主学习——职场竞争激烈,没有文凭很难找到称职的工作,因此迫使成人学习;有些在职教育是因为已有文凭,但就职业需要学习第二专长。

B:有效策略是社会竞争高,为求得文凭提升竞争力,且网络学习课程为系统式有整体性,因此大陆网络学习课程办理成效极好。

(3) 您认为大陆有哪些有效策略可激发成人网络学习的动机?

答:网络学习不受时空限制、自由方便、成本低且时间短,例如同样获得学历文凭,全职生如果修习 18 学分需要 60 小时,网络生大概约只需要 30 小时。除此之外,大陆网络学习课程,教育部是不特管的,还有企业资源,如其 101 网校,大多数高校皆与其合作;聘任的老师是另外支薪的,跟原来的所得不冲突,所以老师是很投入的,每年总会修改教材变换新版本。其动机是最主要可获得文凭,或已有文凭者可学习第二专长。

(4) 从问卷调查结果得知,在成人网络学习者的自我概念上,大陆较香港积极,您认为此差异的可能原因为何?您认为大陆是如何增进成人网络学习者自我概念以提升其自我调控学习素养?

答:A:可能原因是大陆网络学习很多人投入主要为了提升学历,少部分为了工作需要学习第二专长。目前清华大学开始办理非学历的职业培训等网络课程及第二专长班,成效很好厦门大学也正研议要办理。所有网络课程班都是自给自足,盈亏自负教育部是不做任何补助的。

B:给予文凭是主要诱因,职场竞争是次要因素,迫使学习者完成学习。

(5) 从问卷调查结果得知,两岸四地的成人网络学习者在学习数据搜寻及寻

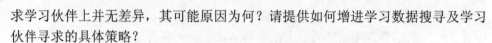

求学习伙伴上并无差异，其可能原因为何？请提供如何增进学习数据搜寻及学习伙伴寻求的具体策略？

答：A：网上学习伙伴寻找较实体学习伙伴难，应各地皆然。

B：当然鼓励寻找学习伙伴，自己面对冷冰冰的计算机，那是肯定很无聊的，要学员自己找学习伙伴就像大海捞针；帮他们分配又太不人性化。所以，我们鼓励寻找学习伙伴，我们叫"合作学习"，也叫做"协作学习"。就是在注册以后就编有"QQ群"，鼓励学员加入"QQ群"，这样就有学习伙伴以建立校园氛围。

(6) 为避免两岸四地的成人网络学习遭遇困难而中辍，提供网络学习的学校或机构，应有哪些具体的学习辅导或支持策略，以避免学生学习中辍？在教学活动及课程设计上，需要提供哪些有利的配套措施？

答：A：开设网络学习课程最重要的要素是"服务"，提供良好的服务才能把课程办好，也才能够延续。防止学员面对冷冰冰的计算机，感觉很无聊而中辍，我们建立追踪辅导体制，定期提供电话服务与关心，一段时间没有上线就会电话追踪，再没有改善就会派遣服务人员前往访视，提供需要的协助。

B：有利配套：提升硬设备改善网络设施，教育部下批大量经费改善网络设施；另外需不断改进教材让教材活泼、实用且操作便利。

(7) 整体而言，虽然大陆的成人网络自我调控学习素养优于香港、澳门，但对于大陆成人的自我调控学习素养如何再增进，以提升网络学习的成效？

答：网络学习可提供实时谈论园地及声音影像服务，让学员们及讲师跨越地域限制实时的相互讨论。积极发展网络课程，让教材活泼生动、实用且操作便利以多元化教材呈现，以满足学生需求。依课程性质不同设计不同教材，目前亦有以卡通方式呈现的教材。

(8) 从调查表两岸四地的比较结果，对于大陆培育成人自我调控学习素养，以提升网络学习成效，具有何启示及意义？

答：网络学习课程已开办10年，主要以文凭为导向。你知道从传统的制式学习到网络自主学习是需要自觉的。所以，大陆网络学习课程通过两个步骤来激励学员：一是加强"导学"——提供在线服务，分视讯及非视讯(又包括实时与定期)；二是以服务为导向的"督学"——建立追踪辅导体制，定期提供电话服务与关心，协助学员在怠惰时能持续不懈的完成学业。2001年厦门大学开办网络学习课程，提供便宜、方便、自主学习。让教育大众化，藉由网络课程现全国专科学历已提升到20%，有补充民众学习的作用，提升高等教育的比率。

(9) 根据您对两岸四地大学发展网络教育的了解，您对于对路成人网络学习现况的改进及未来发展的具体建议为何？

答：大陆网络学习课程：成年学习者可在不离开工作岗位及维持良好家庭关系下进入网络修习进阶课程。

A：改进。

① 改变国家政策，由教育部主导与管辖。

② 技术发展成面的改进，让网络更通畅且由教育部制定网络规范。

B：未来。

① 网络教学目前良莠不齐，各校模式不同差异极大，教育部应建立基本规范，以提升质量建立良性发展。

② 持续投入网络建设，缩短城乡差距，提供更多人就学机会。

访谈八

(一)日期：2009 年 10 月 21 日

(二)地点：澳门科技大学持续教育学院获多利中心十楼

(三)受访者 A-8：南京大学继续教育学院、网络教育学院院长凌元元教授

(四)访谈者：伍凯琳

(五)访谈：

(1) 从调查表得知，大陆及台湾地区成人在网络的学习过程的改进上优于港、澳地区，您认无差异的可能原因为何？您认为大陆成人网络学习者其学习过程改进的具体策略为何？

答：A：因培养对象差异性及求职压力较大。

港澳台地区接受高等教育的人数比例比大陆地区来得高。目前大陆地区已有大部分的学生接受普通高等教育，但因人口多，职位供不应求造成竞争性大。低学历者为了要提升自己的学历及获得文凭以谋得较佳的工作机会及较高职位，通常会在正规学习后进行在职学习(成人继续教育)。

B：具体策略建议如下：

① 培养良好的学习素养、正确的学习动机、目的与学习态度。

② 学习伙伴的寻求、组合(不同学习层次会形成不同的学习群体)。

③ 学习过程能够自我控制。

④ 网络教育优质资源能够共享。通过网络实施远程教育，使偏远的地区也可通过网络得到优质的资源。

⑤ 开发开放式网络教育。开放式网络教育有助于学习过程的改进，学生可以随时随地在有网络的场所进行学习，不受限于时间及地点。

C：今年为大陆网络教育开办 10 周年，但目前仍有发展不足之处(补充)。

▲ 网络学习仅集中于 68 所重点院校。

① 应让所有民众享受网络优质教育资源，目前硬件资源共享仍稍嫌不足。

② 网络学习是现代化学习手段之一，应促使更多学校发展网络学习相关课程。

③ 网络教学使用及推广不够普及，应不要局限于 68 所重点院校。

④ 目前资源共享程度不足，资源建设本身丰富性也尚待努力。应通过课程

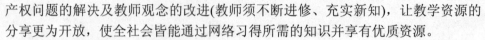

产权问题的解决及教师观念的改进(教师须不断进修、充实新知)，让教学资源的分享更为开放，使全社会皆能通过网络习得所需的知识并享有优质资源。

▲　网络技术要不断更新与发展，增加推行的广泛性。

▲　非学龄教育(在职教育)的推广。目前大陆网络教育仅限于学龄教育的阶段，非学龄阶段网络教育的发展还有极大的推行空间。

(2)　从调查表得知，在学习的掌握上，大陆及台湾较港、澳为佳，您认为此差异的可能原因为何？您认为大陆成人网络学习者对学习内容掌握的有效策略为何？

答：A：大陆在学习内容的掌握上较为积极与良好，因以在职从业人员为成人网络教育的主要教学对象，学习内容具有针对性及实用性，主要目的为帮助成人进行知识更新、取得文凭并提升学历以帮助未来就业，与台湾及港澳地区的教育目的差异较大。

B：有效策略

①　教师须熟悉教学内容，针对性及实用性要强，组织管理能够到位，针对学生需求设计课程并使用优良的教学方法，有效管理、引导学生学习过程，此有助于学生对学习内容的掌握。

②　教师须设计符合网络学习学生的课程内容，并提供导学互动及支持性服务，例如：在线答疑系统的建立(可实时促进学生学习)、教师在线辅导、建立学习交换平台(可交换学习心得、数据、相关课程内容的笔记等)、e-mail 等交互往来，由学生提供学习资源，老师从旁辅助。

③　从教学方法来看，需建立适合网络学习者的教学活动；从教学内容来看，应适合在职学生进行学习；从教师管理过程来看，应提供学生更多的支持服务。(南京大学目前推动三名工程：名师、名课、名教材)

④　建立专业特色课程(国家级精品课程)。

(3)　您认为大陆有哪些有效策略可激发成人网络学习的动机？

答：A：对学历、文凭的高度需求。

B：为谋得较佳的工作机会及较高的工作职位。

C：进行行业招生：南京大学先前曾针对银行系统进行行业招生，因银行为提升员工素质、知识与学历，对在职行员提出学习的要求。这样的行业招生可激发成人网络学习的动机如下：

①　因企业高层的要求，员工会有认知及精神上的压力，此压力可激发学习动机。

②　课程设计针对性较强，对学生未来工作有极大帮助，学生较愿意主动学习。

③　企业对员工有统一要求但也提供许多福利，例如内部的相关激励措施、

成绩达到某标准可以报销学费、获得学历后可作为将来升迁的依据等。

④　有共同目标的学习伙伴，可以互相督促、良性竞争，藉此获得良好的学习效果。

(4)　从问卷调查结果得知，在成人网络学习者的自我概念上，大陆较香港积极，您认为此差异的可能原因为何？您认为大陆是如何增进成人网络学习者自我概念以提升其自我调控学习素养？

答：A：造成大陆学习者较香港地区积极的差异原因：

①　大陆目前的教育着眼于学龄教育，非学龄教育较不受重视，对学历的要求极为迫切。

②　不论是在校学习或网络学习，教师主要仍以考试评断学生成就，学生需通过考试才能获得学分。有较高的成绩才能作为申请奖学金、优秀学生评选、升学、未来工作推荐及作为就业等的依据。

B：提升学生自我控制学习积极度之相关策略：

①　为学习者提供就业机会及能力。

②　通过与企业、产业的紧密结合，在学生获得成人网络学习的相关证书后，提供工作及升迁机会，以此建立学生学习动机、目的与较佳的学习态度，把学习与谋职相互结合，学生的学习积极度会大为增加。

(5)　从问卷调查结果得知，两岸四地的成人网络学习者在搜寻学习数据及寻求学习伙伴上并无差异，其可能原因为何？请提供如何增进学习数据搜寻及学习伙伴寻求的具体策略？

答：目前由教育部建立高校优质资源——中国高校素质化资源博物馆，包括素质图书馆、素质博物馆、教学资源库、文物、地球科学(科普)、各式学科、课程等相关网络资源。南京大学目前即有400多门网络课程，也建立网络教学及课程资源库，并且和其他学校共同建设、共享资源。

(6)　为避免两岸四地的成人网络学习遭遇困难而中辍，提供网络学习的学校或机构，应有哪些具体的学习辅导或支持策略，以避免学生学习中辍？在教学活动及课程设计上，需要提供哪些有利的配套措施？

答：A：成人网络学习课程实施学年学分制，重视学生学习时间及学分、成绩等要求，修业年限为两年半到五年(毕业前须完成论文一篇，花费时间约半年)。因为课程安排都有固定开课的时间，因此不可能提早至两年半前或晚于五年毕业，此学制较为弹性，可避免成人网络学习者因遭遇到时间或工作上的困难而中断学习。

B：以金融学学士学位课程为例，接受网络教育学生毕业需通过以下条件：

①　需修习完18门课程，成绩通过规定之标准。

②　写完毕业论文一篇并于毕业前举行毕业论文答辩，获得"良好"以上的

成绩。

③ 通过国家统一考试：计算器基础、英语，始能毕业。

④ 申请学位需另外通过学位完成考试，即论文达到"良好"、通过外语考试、两门学位专业课程要达到 80 分以上，始能获得学位。

(7) 整体而言，虽然大陆的成人网络自我调控学习素养优于香港、澳门，但对于大陆成人的自我调控学习素养如何再增进，以提升网络学习的成效？

答：A：三名工程——提升教师、教材及教学素质，课程需区别网络学习和普通在校学习学生的需求差异，增加课程内容的实用性。成人网络教学课程的设计应更符合网络学习者的需求，目前网络教学课程的大纲仍普遍与普通在校生的教学大纲相同，较无区别性与针对性。

B：网络教学方法与手段上要更具灵活性，以提高学习者的工作能力为主要目的，多设立实践性的课程。

C：针对网络学习进行网络相关教材的建设。

(8) 从调查表两岸四地的比较结果看，对于大陆培育成人自我调控学习素养，以提升网络学习成效，具有何启示及意义？

答：A：建立一个更新、更好的网络教学平台，让更多学生能够享受网络优质资源。

B：利用多媒体教学方式及加强网络教学软硬件设备改进，提高网络教学效果，例如：引进并使用电子白板、电子笔记本、电子考试及 e-learning 等，

C：针对在职学生的需求设计专业课程、提升课程的专业度；另外，目前大陆成人网络课程大多局限于本科学习层次，实则应更大范围扩展培养网络教学规模。(南京大学目前本科共设立 11 个本科学习网络课程，尚无非本科课程设立。)

D：加强对学生的知识服务。①建立巡回教学，增加教学互动与对学生的辅导。②增加课程讲座及学术报告。③学生的能力水平有所差异，教师应帮助网络学习者进行课程学习，包括利用导学互动、网络平台讨论及 E-mail 互通信息等方式。

访谈九

(一)日期：2009 年 10 月 21 日

(二)地点：澳门科技大学持续教育学院获多利中心十楼

(三)受访者 A-9：汤泽林教授(中国人民大学，已退休)

(四)访谈者：贾美琳

(五)访谈：

(1) 从调查表得知，大陆及台湾地区成人在网络的学习过程的改进上优于港、澳地区，您认无差异的可能原因为何？您认为大陆成人网络学习者其学习过程改进的具体策略为何？

大陆成人教育都在晚上及周末时间，有所谓"工学矛盾"，即工作与学习的时间冲突问题。北京人民大学设有"外地教学点"，于乌鲁木齐、拉萨、深圳等，该处时间冲突较少，若将学习课程开设网络教学，则无时间问题。在改革开放前，集中讲课被允许，政府机构会给予公假进修学习，现在则不给公假，因此个人会考虑进修与工资收入问题。

大陆网络学习收费比面授学习收费为高，但学生仍愿意选择网络，因全国高等教育"自学考试"的通过率低，使学生会选择"含金量"较高的大学开设的网络课程，因其学历为内地各大学认可，又可以赴国外留学。

大陆的成人教育多为夜大与网络学习的"网大"，多为高中毕业生考取理想大学者之选择，占所谓"网大"学生人数约七成以上，学生选择知名大学开设的夜大或"网大"的原因，为希望能受教于知名教授，并准备未来能考入该大学研究所。夜大的"含金量"在"自考"以后，会成为大学的绩效标准，学生及家长会依此来选择学校。网络学校与成人高等教育入学考试在每年的 10 月举行，次年 3 月入学。各网大、夜大的入学考试采取"宽进严出"的原则，此为网大学生多的原因，尤其对数学、英文较差的学生来讲。

国家举办统一考试，以此为监控手段，考试通过率为 30%，大陆社会对文凭需求迫切，就业、转岗(业)与薪水都与文凭有关。

(2) 从调查表得知，在学习的掌握上，大陆及台湾较港、澳为佳，您认为此差异的可能原因为何？您认为大陆成人网络学习者对学习内容掌握的有效策略为何？

答：大陆的大学不能随意开课，大学可决定自行开设网大课程，期学习内容须由学生向老师反映，教师可向教学会议反应，以此方式满足学生需求，老师本身会自我更新教学大纲及内容，期末考试，老师出题范围被要求教与考不可相同，只能依据大纲出题。

(3) 您认为大陆有哪些有效策略可激发成人网络学习的动机？

答：大学的品牌、对学生的管理与服务质量、考试不可太简单、学术水平与设置奖学金等都是激发动机的因素。

(4) 从问卷调查结果得知，在成人网络学习者的自我概念上，大陆较香港积极，您认为此差异的可能原因为何？您认为大陆是如何增进成人网络学习者自我概念以提升其自我调控学习素养？

大陆的本科学生须作毕业论文，一位老师指导十余篇论文，师生多在网络交流，学校设 E-mail 集中收件，再分给各老师，信息管理交给上市的专业机构负责，确实安全保密。

(5) 从问卷调查结果得知，两岸四地的成人网络学习者在搜寻学习数据及寻求学习伙伴上并无差异，其可能原因为何？请提供如何增进学习数据搜寻及学习

伙伴寻求的具体策略？

未谈及，无内容。

(6) 为避免两岸四地的成人网络学习遭遇困难而中辍，提供网络学习的学校或机构，应有哪些具体的学习辅导或支持策略，以避免学生学习中辍？在教学活动及课程设计上，需要提供哪些有利的配套措施？

答：网大与夜大之转学其学分承认。特殊地方如西藏，会针对地方特性专办考试题目难易度与一般地区不同，帮助学生顺利通过。

(7) 整体而言，虽然大陆地区的成人网络自我调控学习素养优于香港、澳门，但对于大陆成人的自我调控学习素养如何再增进，以提升网络学习的成效？

答：屈于文凭压力，各地大学录取分数不一，高中毕业生未能考入理想大学者，即赴北京就读各著名大学的夜间大学、网络大学，年龄多在 20～30 岁，为了考取研究所而就读在职专班、研究生、学位班。

因应社会需要，亦开设厂长经理班、属成人非学历教育、成人学历教育、继续教育(有学历)、培训教育(短期)、助考班。

(8) 从调查表两岸四地的比较结果看，对于大陆培育成人自我调控学习素养，以提升网络学习成效，具有何启示及意义？

答：教学以生活周围的事，老师教学方法能启发学生，技术成长，仍以知识为先，先以人文基础知识激起思维逻辑，若与生活经验结合，阐述理论，能与兴趣结合引起思考也能交朋友。

(9) 根据您对两岸四地大学发展网络教育的了解，您对于对路成人网络学习现况的改进及未来发展的具体建议为何？

答：大学成人网大招生源减少，主因在学历压力，只有当社会不再依学历来提高薪水时，才有可能更多人愿意读网大。当大学质量不高，学生不愿就读，需要质与量的提升。

招生名额由教育部核定，学校应对教学内容管理严格、课程不能完全由市场机制决定、仍须满足社会发展需要。系统知识学习是根本，不能卖文凭，规模不宜大，应保持持质量，经费的支持有助保持质量，学校的态度如何看待成人教育，应以本科生、研究生为主导，适当发展成人教育。

访谈十

(一)日期：2009 年 10 月 21 日

(二)地点：澳门科技大学持续教育学院获多利中心十楼

(三)受访者 A-10：西安交通大学继续教育学院教授惠世恩

(四)访谈者：林锦瑜

(五)访谈：

(1) 从调查表得知，大陆及台湾地区成人在网络的学习过程的改进上优于港、

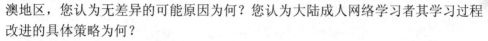

澳地区，您认为无差异的可能原因为何？您认为大陆成人网络学习者其学习过程改进的具体策略为何？

答：其他地区我并不清楚，但大陆成人网络的学习主要在于学历的取得，在大陆提供网络学习的机构必须通过教育部的审核批准才能实施。目前有 68 所学校通过即实施，而我认为要改进大陆的网络学习最好能通过考试来加强其质量。

(2) 从调查表得知，在学习的掌握上，大陆及台湾较港、澳为佳，您认为此差异的可能原因为何？您认为大陆成人网络学习者对学习内容掌握的有效策略为何？

答：有没有差异我并不清楚，至于数据上显示大陆优于其他地区，我认为是取样的样本的质与量不同的关系，我不认为大陆优于其他地区。只是中国人上网学习最主要目的是为了取得高学历，他们能在体制与大纲明确的课程中有系统的学习。而港澳的网络学习是学分制，并没有正式的学位。我想这是为什么大陆的网络学习会优于其他地区的主因。

(3) 您认为大陆有哪些有效策略可激发成人网络学习的动机？

答：从事网络学习的民众大多是在职进修的人，除了我一直强调的"学历"原因，网络学习更可以提供时间与地区的便利，方便民众达成学习的目的。

(4) 从问卷调查结果得知，在成人网络学习者的自我概念上，大陆较香港积极，您认为此差异的可能原因为何？您认为大陆是如何增进成人网络学习者自我概念以提升其自我调控学习素养？

答：我要说的还是为了取得较高的"学历"。另外政府要求公务人员要从事基础的继续教育课程，并补贴 2000 至 3000 元人民币不等的费用鼓励继续学习。考虑时间及地区的方便性，大多数的人都倾向网络学习。

(5) 从问卷调查结果得知，两岸四地的成人网络学习者在搜寻学习数据及寻求学习伙伴上并无差异，其可能原因为何？请提供如何增进学习数据搜寻及学习伙伴寻求的具体策略？

答：我认为无差异性的结论还有待确认。主要是大家交流少，因此无法了解真正的差异点。如果能互相交流，互相承认学习的内容或资历，可以找出互补的差异性。学校能经常性的交流沟通，甚至建立交流平台，则更能帮助精进学习数据及学习伙伴的搜寻。

(6) 为避免两岸四地的成人网络学习遭遇困难而中辍，提供网络学习的学校或机构，应有哪些具体的学习辅导或支持策略，以避免学生学习中辍？在教学活动及课程设计上，需要提供哪些有利的配套措施？

答：及时的网上互通，例如视频、E-mail 等。

(7) 整体而言，虽然大陆的成人网络自我调控学习素养此优于香港、澳门，但对于大陆成人的自我调控学习素养如何再增进，以提升网络学习的成效？

答：提供非学历教育的课程教育，以市场导向的课程设计。

(8) 从调查表两岸四地的比较结果看，对于大陆培育成人自我调控学习素养，以提升网络学习成效，具有何启示及意义？

答：大陆素养较高这一点我一直存疑，我认为是交流太少，使用的样本数量或族群大不相同，所产生的结果，其内在实质的意义并不明确。

(9) 根据您对两岸四地大学发展网络教育的了解，您对于对路成人网络学习现况的改进及未来发展的具体建议为何？

答：①控制规模，循序渐进，使课程的质与量循序渐进，健康的发展，并因应市场需求，更新课件(课程内容)。②建立一个互通的标准体系，例如根据课程的难易度，作为学分取得的考核。另外，根据学员对课程满意度的结果，对学程做实际的评估。

二、香港地区专家学者访谈记录

访谈一

(一)日期：2009 年 10 月 20 日

(二)地点：澳门科技大学持续教育学院获多利中心十楼

(三)受访者 B-1：香港公开大学李嘉诚专业进修学院院长吕汝汉教授

(四)访谈者：李嵩义

(1) 香港的网上学习课程的性质是如何？

答：香港的网上学习是辅助性的，因为传统的大学有一批教授可以面授，所以相对的在网上学习资源的投入会比较少，如果要发展网络课程的话，我们公开大学可能会做的多一点，因为公开大学当初成立的时候是用远程的方式来教学，主要服务的学生就是成人的在职学生，近年来发展有全日制的本科课程，但教材讲义印刷的量多，成本就多，教师批改的时候也比较费时，对学生也比较麻烦，后来就发展网上课程，学生可以在网络上拿到教材，这个就不受时间及空时间的限制，也不受纸张的限制，教材的更新也比较快而且有些课程是有正式学分的，学生修这个课可以拿到正式的学分，当累积多了达到毕业的标准，就可以顺利拿到毕业证书，而香港其他大学开设网上课程通常是辅助性的。

(2) 网上课程是学历课程或非学历课程？

答：网上课程是辅助性的非学历课程，全日制主要是以学历课程为主，非学历课程就有一个问题，就是不容易掌握学生人数，非学历的课程事先不知道有多少的学生会念这个课程，怕投入的资源太多会浪费资源。

(3) 香港地区成人网上学生对于学习的改进过程较不明显，原因何在？

答：就是年轻的一辈，年轻人对于网上课程较为熟悉，如果是老一点的学生可能就对计算机的操作比较不熟悉；但是，反过来的说，他们对网上课程会比较

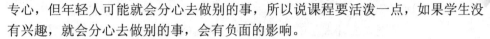

专心，但年轻人可能就会分心去做别的事，所以说课程要活泼一点，如果学生没有兴趣，就会分心去做别的事，会有负面的影响。

(4) 如何改善此种情形？

答：网上课程系统的设计要纳入多媒体的元素，如果课程教材都是文字性的比较多的话，对老一辈的学生还可以，但对年轻一代的学生就引不起他们的学习兴趣。单纯的网上课程是引不起学生兴趣的，因为香港地方小、交通也发达，学生通常想见见同学和老师，建立关系，但在网上就不容易。大概十年前因为科技迅速发达，就有学校发展网上课程，但后来因香港地方小、投资大，香港学生对网上课程的接受度不高，除非是到东南亚或中国合作发展才有市场。这方面采用温和式的教学结合，大部分的面授，少部分的网上课程是可以的。

(5) 香港地区成人网上学生对于课程内容的掌握较不理想，原因何在？

答：会不会是香港地区成人网上学生对于文字的理解能力较差有关，因为现在香港的学生阅读能力的水平是较低的，包括同时学习中文英文课程，两方面的理解可能就较差。

(6) 香港地区成人网上学生自我激励较为不足可能的原因何在？

答：香港地区成人学生对于网上课程的接受度不高，加上地方小，香港的学生喜欢传统面授的学习方式，有问题可以直接现场问老师寻求解决。一般来说，香港的学生自由度较高，也就是自我调控能力较不足，而且若是在传统教室教上课学生没有来同学会知道，老师也有清单会点名，而网上学习就没有朋辈的关心及压力存在，不上也没有人去查，对于年纪轻、控制力不强的学生比较难有克制力。

(7) 如何改善此种情形？

答：可以采用面授搭配网上课程，先将教材上网让学生先自我学习，然后再到课堂来讨论或问老师，老师也可以测试一下的学生，就知道学生有没有事先预习，如果没有的话可以分数打低一点，这样学生的惰性就可以改正过来。

(8) 对学生的自我概念如何加强？

答：因为香港社会发达，很多课程及规划都是家长替学生安排好的。例如，今天要考什么试，包括读书、要温习什么功课等都是。所以说，学生自己要做什么就比较没有概念的。而大陆的学生可能就会比较知道，如果自己不用功、不努力读书就没有将来的话，学生就会努力读书，以后不能在社会上有一份好工作，这样就会让自己的学习目标更明确。

(9) 有何策略可以改善此种情形？

答：老师扮演的角色是很重要的，老师可以给学生一些指引、找数据帮助较大，鼓励学生组成读书小组、互相帮助。

(10) 如何避免学生中辍率高？

答：第一年进来公开大学的学生有 50% 的学生会流失、中辍，包括 20% 的淘汰中辍率高有很多原因，可能是他们不熟悉网上学习模式，或是因为家庭工作的因素，而学校教材准备不完善也有可能。我们公开大学现在有试读课程，让学生先亲身体验一下，让学生知道如何进行网上学习的计划，再安排导师的辅导之后，再让学生报读正式的课程，这样流失的机会就比较少了。

(11) 有没有配套措施？

答：配套措施的另外一个方向是全日制的课程也有远程课程，也同时将课程教材上网，可以让学生早一点拿到足够的学分，早一点毕业，这是有一点诱因的，若有学制互通的机制先试行，效果不错。也可以安排辅导员，听听学生的问题，或是安排志愿性的老师来协助学生。网上也有安排学生的学习辅助区，解决学生课业的问题，学生也可电邮给老师，老师会在部落格回答。

(12) 香港地区对于网上课程的现况及未来发展有何建议？

答：香港发展的空间不大，还是维持辅助性质的，要配合面授是必须的、是强迫性的。可以与其他国家合作开设合作课程，例如一门"中国文化"的网上课程，曾经跟英国、澳洲合作开设合作课程"中国内地的法律"，让他们了解大陆的法律规范情形。

访谈二

(一)日期：2009 年 10 月 20 日

(二)地点：澳门科技大学持续教育学院获多利中心十楼

(三)受访者 B-2：香港高等院校持续教育联盟张宝德秘书长

(四)访谈者：李嵩义

(1) 在台湾称网络学习，香港的名称为何？

答：通常香港一般是说网上学习，或网络学习，不过称网上学习较多。

(2) 网络学习是许多国家成人学习的主要方式之一，针对成人学生在网络学习的学习过程改进方面的分数是稍低于大陆及台湾地区，请问您的看法？

答：通常香港的学生对于网上学习是不陌生的，因为香港的学生从中小学开始就已经接触到计算机及相关的网络设备及课程，有很多的课程都是从网上学习的。因为香港地方小又是延续英国的教育传统，经济又很发达，相关的网上学习设备也很齐全，网上学习课程应该相当普遍的。另外，大学的经费是由政府拨款后，接是就是由大学自由去运用，政府没有特别的经费来支持网上学习课程，要看香港各大学对于本身的情形去衡量要不要开设网上学习课程。

(3) 香港的大学对于网上学习课程发展背景如何？

答：香港的大学主流是政府出资经费资助的 8 所大学，学生是经由公开考试、成绩优秀的学生才进的了，学生对于经由网上学习的方式是看成非主流的方式、是辅助性质的、非学历的。能入学到政府资助的 8 所大学的学生素质高、出路没有问题，加上政府资助高所以有大学并没有将网上课程放在很前面的位置。香港的大学对于开设网上课程的态度，如果不是必须的，除了是资源、资金不足的情形下，才不愿意开设，因为要投资相当多的资金及设备、人员。但这种情形可能在 2012 年后，香港的大学进行课程改革，大学学制从三年制改成四年制的时候，学生人数增多，学费增多，网上课程可能就会增多。香港的大学是自主的，并不是按比例给经费的，所以说这两三年 ICT 的网上课程应该会增多。

(4) 香港大学对于开设网上学习课程情形是如何？

答：目前香港的大学学制已规划要从三年制改成四年制，资源经费也不是按比例增加的，这对于大学的经营是有压大的，也就是说要多依赖科技的辅助才行，所以说网上学习课程在未来应该是香港的大学很乐意去运用的。

(5) 香港的大学成人学生在自我调控学习素养层面中的自我激励较为不足，请问原因可能为何？

答：香港的学生层次要好才能进得了大学，一般的学生在读三年毕业后有好的工作是没问题的，所以在一、二年级时可能会比较放松，比较没有压力就会松懈较没有动力，加上学生自己如果没有太大的雄心的话动力就不够。另外，香港的名校可提供一些名额给排名在后面的学校，增进学生的动力向上流动。

(6) 如何激励香港的大学多开设网上学习课程？

答：这是不难的，因为大学从三年制改成四年制后增加一年，学费在高年班也会收的比较贵，而且增加一年的时候，在初年班的学生比较会有动力往好的大学流动，那么大学就会承受一些招生的压力，老师及学校的行政人员都会有压力，那么就会有活力，可是现在因为是三年制大学，学生的流动率比较低，只要是不要太差，学生的流动率就很低。

(7) 如何增进成人学生对于网上学习课程内容的掌握更加清楚了解？

答：最好是从制度面的改变为好，因为学生的流动对大学有推动力量。如果有方针，教授都会朝这方向走，而且若是网上可以提供课程内容大网及教材，就可以让学生随时方便进行网上学习，香港的学生对计算机的操作及网上课程是不陌生的、一点都不抗拒的。

(8) 未来香港的大学对于开设网上学习课程的发展及改变是如何？

答：改进的情形并不是很多，因为现在香港的大学的本科是三年制，可能要到 2012 年开始四年制新的课程时加入一些网上课程，还有就是香港的大学资源不是按比例增加的，如果从三年改成四年的话，多一年多 25% 的费用，大学应该是有动力去增加网上课程的。另外，可能是香港的大学学生已经从小学开始就已很习惯网上学习的方式，所以说就可能不觉得要做一些改变了。传统教学模式还是主流，香港的学生因为地方小，大都需要老师跟学生谈谈话、批改他们的作业，

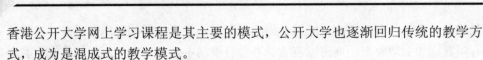

香港公开大学网上学习课程是其主要的模式，公开大学也逐渐回归传统的教学方式，成为是混成式的教学模式。

访谈三

(一)日期：2009 年 10 月 20 日

(二)地点：澳门科技大学持续教育学院获多利中心十楼

(三)受访者 B-3：明爱徐诚斌学院校长关清平教授

(四)受访者：龚双庆

(1) 针对香港的成人教育为何与澳门一样，在个人网络自我学习的环境与大陆及台湾的数据相比较时会较低？

答：香港成人在网站学习，如果他是念本科，他的本意其实蛮高的，每个人家里都有计算机，还有香港的宽带用户很多，网络的科技很快并很发达，整个协会都准备的很好。

(2) 所以学校的平台跟各人与各人之间的平台跟信息之间的平台都做得好？

答：做得非常好，做得很成熟的，不管是大学或者低一点的学业都有。

(3) 可是在做初步问卷的时候，香港给我们的信息跟大陆做一个比较的时候，他给我们的数据比较低？

答：主要不是因为几个地区，我们学校设计课程的时候不重视网络教育，网络教育主要是锦上添花的，好比大陆，因为要教的很多人，所以就变成重要的一环，在学习方面就变成最重要的一环，香港的学生不喜欢面授，他喜欢面对面，所以要成功的话，香港要在课程限制上面尽量用网上，好比说网上交功课，网上批改功课作业，还有网上问问题，这个比大陆比较差，如果你去看中央大学的话，我考了 8 年才考上了，当校长，从前它是用邮寄书本的方法了，后来用网络变成很重要的一环，有的时候比上课还要重要，因为他每个礼拜才上 2 个小时，所以你在网上每个礼拜所学习的课都重要，比较成功的两所大学是，工科大学，另一个是理科大学主要都是在网络上学的，所以你看香港的 8 所大学，加上其他 20 几所大学，它的用率比较低。

(4) 校长刚刚说的那几所大学，工科大学，理科大学，它的设计的多元化，它的网络学习的学生比较多一点？

答：对，另一个原因是香港跟澳门的学生一样身处于地方小。如果我有一个地方有问题的话，我往学校去可能半个小时就到了，所以我去敲门也不用网上，所以我现在当了校长以后，我就慢慢地给我的教员，习惯用上网做事比较方便像交功课啦，功课不用印出来，学生做完了就邮寄，邮寄批改完了之后，就邮寄给学生，相对的用的纸就比较少，可以节省也可以做环保，主要是在课程设计方面，香港的不怎么好。

(5) 依照校长这样的说明，学生在自我的学习过程，自我的激励就看不出来，没有这个动力，那尔后香港要做到用网络来学习的话，比如像机构方面，在老师方面要怎么做？在学生方面要怎么做？

答：我觉得要让老师跟学生们很清楚地知道，利用网络去帮助学生学习，一定是在我们未来的学习里面，不能避免的一个工具，很多老的教授比较不能接受，我教了30年的书都没有用过网络，我的学生也都是做得很好，他们就在大学里都不想用，我们的小学生就比较好一点，香港大学的话，有的系用很多，有的系是都不用的，所以这些都是问题。机构一定要很清楚的讲给教授们听，要有一个清楚的目标，好比说5年后，每一科至少要有50个百分比是用网络来帮助学生学习，很清楚的跟教授们讲的话，就一定会达到，然后在教授方面设计课程，如果我的课题用网上交功课，用网络上聊天，好比拿一点政府的钱，去搞网上学习英文，好比我要跟一个老外聊天，如果网上的话，我的老外可以在澳大利亚不用在香港，我就可以达到，另外一个也可以提到，你如果要成功的话，政府的推动也很重要，好比现在2009年所说的话，会比现在贵一点，有很多东西我们都还没有习惯，我觉得将来5年之内网上学习，对香港来说可能会省一些钱，在大陆跟台湾，因为地方大，所以不用网络是很难去上课的，你人在高雄怎么去台北，广州也很大，广州比上海大很多。

(6) 是因为受限于地区大小的问题，还有学生数的关系？

答：学生数量跟地区的大小，距离学校越远，学生无法每天都去，所以教授在设计方面要如何利用网络上的优势，网上有很多好的东西都可以用，其实现在香港有很多的学生很有这种要求，有开启这样的要求，好比说，我要问一个问题，上课时间不多的课。好比你一个礼拜才见过一次，如果有问题的话就要等一个礼拜，如果跑到学校去教授可能不在，所以现在有很多学校都利用网络上的平台，在网上聊天不是聊天是问问题，问问题教授不一定会去回答，有的时候是别的学生，因为有的时候是助教会回答。

(7) 校长是有何策略的来指导学生？

答：对，可是，有的时候同学是不回答，就只是看而已，就算看也是会学到一点东西，这就是在yahoo还有google的知识网里面，我们就可以看到我们所需求的，但是我可以利用我不懂的时候，思考怎么给学生上课的时候，也会有很多的问题，所以我们可以把这个平台持续的告诉学生，学生可以这样的去吸收，这个就是要突破的，就是要突破这个教授的心理防线，让他知道学生需求不一定要面对面的，所以香港往后的趋势就朝这个方向去走，但是我们能不能预测看到香港，到了5年后或10年后，它的网络学习可以去带动澳门、大陆还有台湾，因为香港在两岸四地里面是亚太信息网里面最发达的，因为有很多东西都要先到香港才转到大陆甚至其他点，在亚太信息网里香港算是一个很重要的点，这样往后是否可以提升刺激、激励，尔后更有掌控权，慢慢地改进可以，政府跟一所公开大学开辟了一个网络，花了六千多万港币，如果要学生利用网络的话，最好是很快给学生一个答案，在聊天的速度比较慢，最好是有一个人工智能的平台，最主要是明白学生的程度，给校长一个最好的答案，写初稿是我写的，我在写的时候他们还在做。

(8) 校长怎么去知道学生的程度？

答：有很多方法，给他一个测试很快就会知道，给他一个中等的问题，看他的答案是错还是对，在给他一个问题，我们从五、六个问题，就大概可以知道他的水平。

(9) 从他的程度给的答案，不要说程度高中却给大学的程度，这样没有成果？

答：对，希望很快可以做完，如果做到的话学生自然就高兴，学生每一次问的问题跟学习方面的问题的话，很快就会找到一个很有关的答案，也不用等教授，如果成功的话，每一科都有的话那就很方便。

(10) 就有点像扩散主义一样，学生要自己去找问题，然后自己去找答案，找到问题找到答案后在请教授，这样可不可以？教授在给你一个答案，或者教授在给下一个答案或者问题，让学生自己在去做一个更深入的思考？

答：还有政府跟协寻评审机构也可以帮助，好比香港一个大学生每年他面对面的课程是 450 个小时，每年的要求，最少要 450 个小时。如果政府评审的机构说 450 个小时里面，我容许你有 150 个小时是在网上的，如果他们这样讲的话，学校就会有一个平台，把网上的作业、聊天把算在里头，如果 450 个小时，平常上课的网上上课也算在里面的话，就变成你的课堂你盖房子就不用盖那么多了，教室也不用那么多了。

(11) 硬件的设施跟硬件的配备也可以减少？

答：所以如果香港或不管每一个国家，他希望用网络给学生学习的话，只要把政策改点，不知道台湾有没有这样的要求，好比说每个大学生每个星期，最少有 16 到 20 个小时上课，每一个学期至少 14 个星期，所以加起来也差不多 450 个小时，网络的小时，好比说网络 2 个小时就等于我们平常上课 1 个小时的话，网络的时数一定会往上走。

(12) 其实这些教授考虑都是多的，因为还是要跟着时代在进步，科技在进步，授课学习都在进步？

答：我学校的学生 2000 多人，如果猪流感、H1N1 很厉害的话，突然间，几年前香港不是有 SARS 吗？不能上课，其中有一些大学网络搞得很好的话，他可以在网络上上课，有时候有这样的需要，有很多公司很多私人的公司，用网络做继续教育，香港的医生也利用网络做他们的继续教育，有人就问了，你怎么知道在做的在看的是哪个医生？医生每天有多少小时是继续教育嘛，科技也可以帮助，医生的继续教育，我们每十分钟就问他一个问题，问他一个私人问题也好、问他医学的问题也好，如果他给他的护士去做去看的话，他用的时间一定不能算在里面，其实用科技也可以看到差异性，其实在美国网络教育，你不晓得看的是哪一个，其实你也是可以每五分钟就问一次。

(13) 香港对于继续教育的这个政策，是站在什么样的角度或什么立场的？

答：如果是 7、8 年前，有蛮多的大学都搞很多，好比 1999 年、2000 年、2001 年开始都搞很多，然而特别发现在搞的时候用的钱反而比较多，起初他们希望说用的钱比较少，其实开始的时候应该比较多，然后慢慢减少，然后学生知道的好处也会慢慢提高，可是他们太短暂，搞到 2002 的时候，钱也越来越少了，所以很多人搞到一半也就没搞，现在又搞起来了，所以说起初他们搞的原因是错的，起初他们搞的原因不是帮学生学习，是想省钱，搞了几年之后，发现钱省不了，然后就减少了，后来发现现在又搞的话，我们的目的是让学生学习，其最大的目的不是省钱。

(14) 所以目的是做一个改变？手段也做一个改变？那香港继续教育的成果，就校长您的见解，你满意吗？如果满意，那它的满意度在哪？

答：对，我觉得香港继续教育有一个问题，基本上大部分的人希望学习后会有一张文凭，跟一个认证的问题，有一个挂钩，在欧美很多地方继续教育的学生只是去学习，最后有没有拿到文凭都不在意，像香港是很在意的。

(15) 那两岸四地都还是很在意？

答：对，可是香港有一个问题，在 2008 年 5 月 5 日开启了所有的教育分成七等，第一等就大概初中，第二等大概中等五年级，第三等中学毕业，第四等是初等学士，第五等是学士本科，第六等是硕士，第七等是博士，所以把他分成七层是很麻烦的。搞继续教育的话，你要学习去评审，你要学生学完以后，拿到的是一、二、三还是四啊？所以拿到文凭会比往后更重要，所以我觉得这个新的概念，在短期间内对继续教育是坏的影响并非好的影响。

(16) 就是把他阶级化、制度化？

答：对，就像英国他分开八级，香港是七级，是受到欧美及澳大利亚的影响。

(17) 可是在欧洲的法国、英国、瑞士这几个国家，他们在继续学习、持续学习方面很发达？

答：对，他们用另外一套，他们另外一套不单只是考试，看工作成就可以拿到平分点，香港还没有做到这点，可是去年就已经开始了。

(18) 学习到人家的一个基本面，没有学习到人家里面的深度？

答：对，不管是哪一个行业都有，好比理化都有，也都有分第一等还是第二等。

(19) 不只是教育的问题？

答：对，所有的各行各业都有，都成立了一个等级，还没有普及化。

(20) 这样对终身学习者会受到很大的影响，短期也是很不好的影响，可是香港政府如果这么做的话，他会不会预测到五年内或十年内这个是行不通的？

答：本来 2008 年推动了之后，校长期望一年之内有什么行业能够提升，可是没几个行业，所以现在做的很慢，他觉得对这个有坏的影响，我觉得不管怎么做都不会承认他是错的，这是习惯，不会说做错了走回头路，或者做什么政策改变，暂时都没有改。

(21) 香港教育制度还是受到英国影响，那大陆教育单位会不会因英的教育政策影响？

答：不会，没有直接的影响，不过香港到 2012 年改成三参制，高中三年、高中三年、大学四年跟中国台湾、中国内地、美国、澳大利亚都一样。英国从我小的时候到现在都一样，中学是七年的，一、二、三、四、五都是考试，六、七一样是考试，只是七的考试是进大学的考试。香港我考大学的时候分了很多考试，每一个大学都在考的，现在就像台湾的年考，一年考一次，香港叫高等教育考试，就跟英国的一模一样，三年后 2012 年就不一样了。

(22) 这样搞三参制的话，校长您觉得这样对香港的教育跟大陆的教育与台湾的教育的比较？

答：比较方便，其实我那一代，出去国外念书的很多，我太太的妹妹读台湾的台大，我跟太太就跑到美国去，可是从前去台湾的话，因为香港念了七年，虽然成绩不怎么好，因为侨生也可以进去台大，台大就念了四年，所以香港很少会去内地念书，现在有了，到清华、北大去。

(23) 碰到学习阻碍或学习中辍或中断的时候，高中的反而比大学好？

答：对，香港有 500 所中学，我觉得 500 所里面有 150 所已经"跑"在很前面。

(24) 这样会慢慢的带动到大学？

答：因为他们在新的大学的时候，问老师：老师今天的简报在哪里，我可不可以用 Facebook 问你问题。从前我在台湾念书，有很多美国同学叫我小关，现在也不小了。

(25) 因为内地的教育政策已经改变？

答：从前我开始念书的时候，念本科的都是香港学生，念博士都是台湾学生，后来念博士都是教育学生，回来香港是 1998 年，我在美国教了十几年了，后来是在美国的时候，出去念本科的人越来越年轻。

(26) 这也是对两岸四地政策教育做一个结合，最后一个问题来请教校长，我们如何利用网络的学习来结合大陆、台湾、香港、澳门，能够用什么样策略提升起来？什么样的前卫度？

答：我期望有一个标准，不管我们搞什么课程，好比有一个概念，每次我做网上的每一个东西，我只是做一个概念，香港也可以用同一个标准。但是，如果要成功的话，则开始的时候一定要把我们最好的东西做出来，好比香港最近搞医学搞的不错。如果是搞医学的平台，台湾是很多工程的，大陆是基本的科学搞的比较好，物理、化学、数学他们特别搞得好。澳门是旅游。如果我们都搞自己最好的就分享，以后香港不管做好什么，其他地方都可以用的话。

(27) 我的看法不知道成不成熟，我认为两岸四地成人教育，我们没有做一个研习的策略，我们如何来带动，然后台湾做哪个部门，谁做哪个部门，然后把这些部门集中在某一个地方，比如澳门继续教育要掌控权，都先过来然后在出去，因为大陆、澳门、台湾、香港还是有政治心态，我们不能因为政治而淡化掉网络，大陆的管理是要控制的，所以利用香港或者是澳门一个控制点，然后把概念都收过来，然后在把概念送出去，再继续更深度的分享，尔后从香港或澳门得知，往后教育水平都相同的时候，那中国人就会更强了。

答：我觉得台湾高等教育就搞的非常的好，已开放了大学170多所。

(28) 所以一般人的教育程度，即使是70几岁了也开始在追求他的高等教育，比如台湾空中大学，去学习的也有60、70岁将近80岁的，他们知道以前学的不够，现在也要进来学，虽然他们用的网络平台比较慢也没有关系，但是他们可以把知识面扩大到香港搜集到资料、到澳门到内地搜集到某一方面的资料，我觉得每一年度都有一个这样的座谈，可以利用一个座谈会的时间跟一个点，做一个平台的结合？

答：我觉得哪一个政府带头搞都不行。

(29) 我只是一个概念，但我把他丢出来看看？

答：我绝对支持。

(30) 这就要看校长把这个概念送出去，要不然太可惜了，那么多前卫的学者？

答：最好是在台湾，越多人支持越好。

(31) 这就是要把它写成一个论述？

答：然后就问很多大学的校长，如果他们支持的话，政府自然就不会反对

(32) 这样网络的学习就能够进步，人们的吸收度就会更好？

答：继续教育就会很成功，因为你上班的话，好比你是做市场的你要转型，一面要学新的东西，一面要保留饭碗，所以在网上学习是最好的。

(33) 所以说有的时候这个教授不见得我喜欢，可是却讲出了统一的概念，这我也很喜欢，这就是一个缘分，"这个教授讲了我听不懂"，"这个教授讲了我听得懂"，就说明大家学习的概念是一样的，只是内容有深有浅，内容可以更深也可以更好？

答：就等于看两遍了，有的时候看了一个教授讲的不懂，看了另一个教授讲的或许就明白了。

三、澳门地区专家学者访谈记录

(一)日期：2009 年 10 月 20 日

(二)地点：澳门科技大学持续教育学院获多利中心十楼

(三)受访者 C-1：澳门科技大学持续教育学院讲师杨玲

(四)访谈者：龚双庆

(1) 大陆及台湾地区的成人教育在学习过程上优于港澳，你认为可能的差异为何？你认为大陆成人网络学习，其改进的具体策略为何？

答：数据的结果是这样，我想首先最明确的一点是澳门地区，要有积极像台湾跟大陆学习的一个态度，提升个人终身学习的认知，比如说我们可以开一个网站，我自己比较粗浅的想法是开一个网站，邀请台湾或大陆比较知名的学者和教授，对网路教育、成人教育比较有心得，或者某一个专业的老师做一个网络上的交流，我想对如何去终身学习提高澳门兴趣的一个好处，我们可以建立一个网络，澳门就有机会可以跟台湾优秀的老师或学者做交流，若有可能的话，可以开辟这样一个网站，给参加终身网络学习的人机会，对台湾的老师有所请教，我自己过来人的心得，周围专家学者的建议，不是台湾保留的非常好，若是大陆的学生终身学习的港台对于澳门终身学习者，愿意拥有这样专门的网站去学习，不论是学习也好或加强也好，扩展这个网络教育是非常好的途径，开一个网站可先用免费的方式，之后若需要人力想法的话，但我们可以得到基金会的帮助，我觉得我有这样的想法当然比较简单，我想目前开辟这样一个网站是可行的。

(2) 体制有在修改，由其继续教育这一块进步的更大，因为他可以容纳早期在葡萄牙失学的失学者，他们真的很喜欢读书吗？很想学习吗？澳门地理位置跟香港与内地是邻近的，可是会不会因为学习，因为以前失学对失学者的身心有影响，以后进入内地或者进入香港，失学者会给自己一个自我的提升？

答：我了解的一个情况，学习态度是因人而异，总体来说愿意参加终身学习的人，我自己有做一个调查，51 人里非常了解是 5 人，了解的是 18 人，听说过的是 17 人，不了解是 6 人，从没听说过的是 5 人。

(3) 对于听过，到学习，到了解的，已经超过半数，所以说澳门本身的终身教育在做倡导，只是参加的人有多少？自我调控学习与本身的激励有没有帮助？或者对本身的激励有没有更好的作为？

答：愿意参加终身学习的人越来越多，以前澳门葡萄牙式是不重教育及培养的，愿意学习的人都会到科技大学学习，学习热诚是非常高的，绝大多数是非常认真的。

(4) 热诚度够，但自我激励如何更提升？

答：导师的领导很重要，直接教育的对象有直接的感觉，老师的培养与兴趣很重要，数据里 51 人有 16 人非常同意通过终身学习来强化个人素养，已经有非常好的工作，即使不是大学毕业，他们也很愿意的来学习。

(5) 他们不会因为求学的学位，不会为了往后工作的提升，职务才来提升，他们不是这样子，他们是自我激励的？

答：他们觉得工作后能够继续学习对自己的工作是有帮助的，而且学习态度非常好，如澳门赌场开放后，澳门非常缺乏劳动力，有的人已经考上学要来台湾读书，但在赌场找到工作，工资并不是非常高是过半，但家里的环境不理想，想先赚钱帮助家里，放弃去台湾上大学的机会，他一边工作一边来这里学习，学习态度也很好也很认真，他觉得终身学习教育非常好。

(6) 对他们生活上的质量跟人文素养的质量的提升有帮助，所以他们学习的非常积极，可是从我们问卷调查里得知，他们的差异性怎么会低于台湾和大陆？

答：澳门本身有历史的背景，以前受到广东省重商不重教育，所以澳门平均学历是小学，澳门有 57 万左右的人口，平均教育水平比较台湾和香港低。大学教育始于 1980 年代初。

(7) 传统正式教育里面，他们忽略了，可是用终身学习的素养和制度来提升人民学习的精神跟态度跟素养，是藉重于进修学院？

答：在澳门是以我们做得最好的。

(8) 澳门有多少是在做终身教育学习？

答：其实澳门基本教育是非常多的，他们的规模是非常小的，我们这边是上千人。

(9) 那是用什么方式来吸收这么多的学生？

答：我们课程非常实用的，学院每个学期都会根据澳门发展情况，澳门产业要多元化，现在澳门政府行政长官也要发展多元文化，所以我们开办这样的课程，非常的实际性。

(10) 就是说，开课的课程是多元化的？

答：对，非常多元化，非常与实际性的，结合社会的观点，不只官方跟社会的特点。

(11) 就是行政政策，来结合所有的开课，所招的学生能够比较有多元化的选择，又有多元化的学生能够进入，也包含到内地！

答：我们有全日制三分之一的学生是来自内地，而晚间班全都来自澳门本地。

(12) 来进修所谓网络教学的情形？

答：或是他们是比较专精，这是我们学校品牌的教育非常好的。

(13) 在这个进修教育里面所担任的青年的工作，学生对于网络学习数据的搜寻或者新旧伙伴，他们有什么差异性，他们怎么增进他们资料的搜集跟对伙伴的搜集，做一个教学的互助或者课业上的互助？

答：学生回去都会有小组互动的环节，自己会做一个沟通，然后合作是渐进的，这与他们工作的关系非常大。他们也会像老师寻求，争求老师的意见，学生的报告也很专业了，前两天学生也参加了统计比赛并获奖，学生现在做得也很专业，做得很好了。在你们的眼里有专业性，学生在参与我的培训的过程中，有的人是提高工作的资历，现在有人觉得追求更广大的空间。在他们学习的成果里面，他们可以预知未来，如原本在赌场里工作，环境不太适合想转其他的领域，如政府部门，以前他们觉得在澳门赌场工作是最好的，现在他们觉得这世界不只是赌场。从网络学习，他们已经学习到整个全球化的社会，跟全球化的需求，他们已经开阔了视野。

(14) 所以通过网络的学习，数据的搜寻，更开阔他们的视野，那澳门的网络学习，如以澳科大来讲，澳科大的网络学习，能够提供多少的学生去学习？比如我们说多元化，多元化是什么样的多元化，如果指专业性的学习，除了专业的我们还有开放更多非专业的，或是人文素养或者是自然科学的一个信息，让他们上网学习，那澳科大是用什么方式课程？

答：我们的学院持续教育学术部门的学院的课程，我们学院会给学生很多的安排，学生只要上网就可以看到，我们非常人性化，如果有台湾人的话，会告诉学生台方是怎么样的安排。

(15) 把有关的课程放在网络里面，学生要看就自己去看，学生要搜寻就自己去搜寻？

答：老师的 E-mail 每天要呈现开放的状态，学生若是有问题，我们也要尽快地回复，如果有需要可以约时间在办公室见面，但因学生白天要工作，这个持续教育的工作，可能约的时间只能晚上，时间是晚上六点到七点，或者是下课九点之后，那周末如果有同学需要帮助，也会约时间碰面。

(16) 在你们的教育课程，你们对学生的教育过程、辅导的过程，有碰过学生上到一半不想上的，或者他想休学，或者学习过程里面遇到学生学习遇到瓶颈，我们可以从他的报告里面，或者从他的信息里面，已经走下坡了，那在走下坡或遇到瓶颈的时候，你们是怎么样的处理法？

答：我们就鼓励他们，遇到这种情况是非常正常的，我们会鼓励他坚持下去，人生没有一路顺风的，肯定会遇到惊涛海浪的，我会鼓励他们要坚强一点，成果就是给他们信心，给他们肯定，面对困难永远都不会放弃，像听力课的时候，有的学生就说老师我听不懂，我们来讲听力的方法怎么样，我们首先要冷静然后要仔细，把听到的东西想到一个画面里面，不要把每个词都听懂，不要都翻译成母语，我们用英文去思维，我们用听的方法，十周后每个人的听力都提高了，他们自己都很开心，老师从来都是用鼓励的，不会说你们怎么那么笨，从来没有人这么说。

(17) 你们教育方式也非常人性，以学生为主？

答：非常人性化的，非常考虑学生的感受，我们总监在这方面给我们非常多的启示和帮助，所以我们学校非常的受欢迎，而学生都很愿意来，每次见到我都很开心的跟我打招呼，对我来说是很大的鼓励。

(18) 站在一个澳门学者角度来看，澳门如何让继续教育能够更普遍？更能够提升？更能够让每一个大学开多元化的课程？接受来澳门接受终身教学的思维跟行动？

答：两岸四地开展，我第一个论题就说，我们开办一个网站，然后我们请台湾、香港、澳门、大陆的某一方面的教授，比如清华大学的一个澎莲教授，在人文素养这方面，非常有自己的见识，我和他见过面，我跟他讨论过很多的问题，觉得要是能够天天见面那就太幸福。还有台湾的傅佩荣教授，本身接触台湾的学者也非常有限，能见到台湾的学者也非常的了不起，因为台湾整个的教育，从初等教育到高等教育都是非常棒的，教育程度是非常高的一个地区，若能把这样网站开展起来的话，保留传统文化，不论是对终身教育或各方面的一个认知，对人文素养整个提高的话，若将来我们能一起做这件事情，参与到这个我会非常开心的，把我的青春和热血加进来。其实在澳门这个地方，根据澳门本地的情况，依据本地的高校跟赌场继续的合作，我们学院有协助赌场培训员工近 400 名。网站上可以看到，有 78 人现在已经成为经理了，235 人赌注区的主任，我觉得我们真的可以跟赌场继续保持良好的合作关系，帮助在赌场工作的人员，因为澳门大多数人还是在赌场，澳门整个有多少间赌场，有 20 几间赌场，我们可以跟他们合作，在赌场合作的这些员工，能够有终身学习的机会，有很多人连中学的程度都已经忘记了，但我给他们上课的时候，我会重新给他们编排一套浅显易懂的，让他们知道怎么样去处理，也一点一点地讲，让他们从原本的不懂到后来都懂了，往后跟赌场若有长期合作的关系是非常有意义的，因为他们 24 小时都要轮流工作，所以如果有这个网站，那他们在工作之余的时候，不能来上课的时候，自修的时候，也可以通过那个网站去学习，我觉得是非常的有帮助，他们不只可以跟澳门的老师学习，跟台湾的教授学习都是不错的！如果他的英文好的话，可以点选拉斯韦加斯的经营理念，我觉得澳门的赌场经理的培训，我们是可以承担的，澳门有非常好的制度，老师也知道如何因材施教，非常的好。

(19) 可以通过澳门网络的学习，或者进修的学习，可以更佳提升澳门教育的成果？

答：所以我个人感觉，我们可以尽快把那个网站建立起来，我觉得非常有必要，我个人每天都在学习，每天至少读 2 小时以上的书，什么书都读，也非常愿意读台湾学者的书，我们可以根据最后研究结果，是否能开这样的网站，也能够跟各位教授学习。

(20) 我们通过这样的研究做比较，希望两岸四地在网络能够有一个共通的平台，能够更精进，能够藉由这个力量能够带起来，把四地的中国人，能够在水平上有一个水平？

答：我现在说的是我个人观点，为什么我们要跟更多的台湾学者合作，不论是在书法方面或者是整个方面，能够跟台湾学者学习是非常有用的，台湾、香港、澳门都采用繁体中文，保留中国传统文化是非常好的方面，我觉得中文不用所谓的拉丁化，这只是一个摧残，像九年一贯的学童，像哈韩风，我觉得这有失传统的一个文化，没必要跟他们学什么，以前是韩国跟日本派他们人来我们这里学习，我们现在没有必要学习他们的文化，并不是说他们的文化不好，每个地区都有文明，但我们可以保留自己。

四、台湾地区焦点团体专家学者访谈记录

(一)时间：2009 年 10 月 02 日(星期五)上午 09：30～11：30

(二)地点：高雄师范大学和平校区教育大楼 1313 室

(三)主持人：高雄师范大学教育学院院长王政彦教授

澳门科技大学持续教育学院总监梁文慧教授

(四)出席者：高雄师范大学图书馆长朱耀明教授

高雄师范大学成人教育研究所所长杨国德教授

高雄师范大学教育系陈碧祺副教授

高雄空中大学大众传播系宗静萍助理教授

台南大学数字习科技系黄意雯副教授

(五)记录：李嵩义

王政彦：今天先将主题及背景作一个说明，梁总监原本在澳门科大和澳门大学一直在继续教育及成人教育，还有成人高等教育方面，在一直努力投入做研究，即使现在继续教育在我们进修学院上，她用比较企业化经营的方式，很积极的跟内地、还有跟我们在做一些课题，这个课题其实澳门基金会也有补助，类似我们国科会的方式，在澳门科大本身也有补助，当时我们就选择这样的主题，两岸四地势必成为网络自我调学素养比较之研究，这基本上是一种网络学习情境，聚焦在自我学习像 self-regulation 里面，各位可以看到我们的背景数据。

我稍微做一个介绍，这样的一个 self-regulation，其实是网络的学习一种，或一种形态，我们从 self-regulation 名词看，大陆叫自律学习，台湾也有远流出版一本书翻译成自律学习，陈品华或是我们成大教育所的陈炳林跟林清山教授研究很多，有关自我调节、自我调整那这同一个名词，我把他翻成调控，不过就对成人来讲，它可以调节与掌控，可以控

制自我学习的过程，所以我们有分成六个层面，这六个层面整个概念就是个人在学习过程当中，从目标拟定、进度决定到学习问题的发现，资料的收集到所谓人际互动等，六个层面包括学习过程改进、知道自己哪些不足、如何做改进，有一种自我检视(self-check)的能力。学习数据的收集，这个可能各位会了解。学习内容的掌握，掌握重点做摘要、划记，学习自我激励，因为要持续内在的，还有对自己的看法，对自己有没有信心，有没有积极的自我、还有伙伴、能不能求助，成就这样一个建构的层面。依之前所建构的一个工具的层面，我们就以这样的工具，很辛苦的，也请梁总监跟我们一起在港澳，尤其大陆麻烦很多人，做大样本的问卷调查，各位知道大陆人口那么多，我们收集一千多人，那过程很辛苦，然后港澳刚才在谈，我们也不知道背景资料，那个比例后来打到好像份数不多，但是那是按照人口比例，样本分配所抽取出来的，抽取出来之后，我们做一个统计的基本分析，现在就是各位所拿到的经过分析所得到的初步结果，兹两岸四地所谓的网络学习的一个成人在这个整体自我调控学习与六个层面各有高低的地方，重点是它具有什么意义？与两岸四地向来的学习形态教育一致、或是一种学习者自己学习习惯等，因为都是华人小区，但是各位知道两岸四地华人其实有差异性，背后可能有很多复杂因素，所以我们有实证性的大量的问卷调查之后，我们就接着会有访谈，或者是在台湾地区做座谈，我们会结合在 10 月 19 号跟香港大学联合办一个研讨会时机，利用一对一的访谈港澳及大陆的学生，针对主题方向跟今天各位看到的大致相近类似，来看这样的差异有什么意义。呈如各位所看到的，两岸四地的差异，其实背后因素很多，我们拟了几个讨论提纲，之前有送给各位。

各位看到我们现在列出了将近 8 个题目，根据这样的实证发现，我整个再稍微浏览一次实际与这样子前一阶段的一个问卷调查，今天邀请各位来，我们看 8 个问题：第一个问题就是这样的差异，例如说微观的差异分析发现，港澳都是差一点，譬如说，就分成学习过程等可能的原因，如果提升港澳你要怎么去建议？我们分享的是台湾经验，那港澳地区的学者比较清楚就这样的数据，发现由台湾来看港澳可不可以提出什么样的观点。第二个问题依据内容这个层面发现，港澳比较弱。同样的这样趋势，这会不会是样本数少造成的可能，也不尽然。第三个问题是台湾地区在自我激励上显示出比港澳高，台湾地区的成人学习者在自我的激励上向来都比较强，有没有什么因素。自我概念发现差异是大陆比香港高、台湾比澳门高，这又有什么意义。策略上的层面我们主要是请各位从台湾的角度来看没有关系，第五题就是第五点在信息数据、搜寻伙伴的需求上没有差异，那这个又有什么意义。第六点就是整体上来看，依成人网络学习，各位多多少少有这方面的有实务经验的，或是这一方面的行家，就是网络的学习者或是高雄空大的学习者，这类的学习者有时候会中辍，因为成人的学习特质或社会角色扮演的网络来讲，各位因为还记得上次的努力学习怎么样来避免学习挫折，提升自我学习的效果，看看各位的策略建议。第七点，从整体上来看，港澳比较弱，整体台湾跟大陆一样高，以这样来看，台湾地区怎么样来提升促进网络学习，就是说从港、澳、大陆这样的差异，我们从台湾的观点来看，有没有什么意义的启发，各位的差异的看法做策略性的建议。第八点，整体从台湾地区来看，怎么样来自我的学习，我说其实我们有个常模，只是没有把它放进来，就是以台湾地区这样的一个呈现，各位有没有什么样的策略建议，这是我们列出来的 8 个参考的题目，各位可以聚焦这 8 个题目来做建议或是整体就我们这样的研究操作研究，截至目前的结果跟后续，如果各位愿意给我们提供建议也可以，或是从开始到现在，发现有些存疑的地方，或是这样的问卷调查需澄清说明的地方，也可以提供高见。我们可能利用 10 月 19 号梁总监还要做正式的发表，它是内部的程序，接受舆论的考验，我就先做这样的说明，再次感谢各位，梁总监要不要跟大家问好。

梁文慧：今天晚上很感谢各位，我是很感动，因为台湾方面的学者十分支持。所以真的很感谢各位这样配合我们，如果需要我们澳门这边配合，我也会尽力配合你们，谢谢各位。

王政彦：好，大陆这么多省为什么选这几省，我们原来都有从华南、华中这样去分，但是实际操作的话难免不容易，华南比较多，这就是可能一个限制的地方、分配，因为地方大，你要说代表大陆的成人网络学者你要有很强的说服力，这的确有难度，梁总监也很辛苦，大陆的调查都麻烦她。然后其实我们本来在港澳跟大陆也要做这样的座谈，但梁总监建议，港澳跟大陆其实比较不愿意这样的座谈，所以我们会用个别访谈的方式。以上就做这样的说明，再来听听各位的高见，我们预定到 11 点半结束。听听各位的高见，我们会有录音，各位如果愿意给我们有便条纸、写下书面意见也可以，好！我们就看各位有什么指教。

朱耀明：两位主持人还有大家早，院长有这机会邀请我们参与这样的座谈会，我们觉得很好，能够跟大家分享意见，对于有关自我调控，成人网络自我调控研习，我觉得非常感佩，能做到四个地这样的比较，真的难度很高的，只是这个议题上跟我的研究可能有些地方是我不熟的地方，我可以就我自己的角度来看待这件事情，我也尝试在了解，因为我不晓得说，港澳跟大陆的这一块的情况，要我来回答他们有什么不一样，对我来说，我也只能尽量用我的角度来了解，不过就我自己的角度来看，我会觉得今天在网络上的学习，自我的调控是不是有一个很长环境的培养关系，一个社会大环境的习性所朔造出来的，在这个地方我会觉得不晓得，当初基本变项相或是其他的情况，因为有可能会跟他的价值观有关系，是不是觉得要进修，这个进修的需求，在这个社会可以培育出来的，大家有这样的需求从使用上来讲，会对自我的期许可能都会变，所以遇到问题自我的约束可能会比较好一点，我会觉得在这一块可能会有很多原因，我不是很确定是不是这样的原因，因为第二个就是说这里面有提到，就是跟在学习内容的掌握上面，我们这边所调查的对象，是一般成人吗？

王政彦：对，都是。就网络学习这样实际的成人，我们当时就用台湾空中大学和高雄空大。

朱耀明：第一，我想的就是说，会来进修空大的这些成人是不是在社会环境上面有一个期许，在工作上跟个人需求上都有需要，所以会设法去克服这样的问题。第二个就是在学习伙伴的上面，在台湾，我会个人觉得在整个信息教育的推广上是很长的一段时间了，从以前到现在，对于使用者来讲，已经习惯在网络上的互动了是颇多的，有关网络上尤其是以社群的方式，我所看到的是类似在奇摩知识家寻求文字解决，习惯在噗浪上找到他的学习伙伴，然后也习惯大家揪团一起网购，类似这样的生活习性，在学习上、在网络上可能都会有这样的伙伴存在。尤其是现在立即回复的 MSN 等，你随时都可以看到你的伙伴在上面，你可以随时看到你的情况，也可以看到对方的情况，随时结合。我觉得就台湾目前的情况来讲，看到在学习伙伴的 co-worker 上面，以他的条件背景，我觉得是越来越变成这是学生者生活的一种习性，所以在学习上，这方面如果跟同学们采用不再是单纯的 E-mail 而是用实时互动的服务的方式，可能也让我们的学习者在这块比较不容易 drop-out 或是有鼓励的作用，第三个，就是有关未来学习应该有的能力，比如说小组合作、团队合作也形成一种价值观，是认为我们将来要面对的一种方式，这样的方式对学生者来讲，学习是不是采用合作方式，或者说我们老师在教学的过程中，也经常采用这种合作学习途径给我们的学生，所以合作的方式也让学生在这一块也摸得到，所以这一块也可能是影响的因素，我先暂时说到这里，可能等一下再提供意见，谢谢。

杨国德：主持人、还有各位伙伴，我也是很荣幸来参加这个座谈，这个主题应该是现在社会很需要去探究的，用这个网络流通、远距离学习其实是一种很重要的趋势。我们现在两岸四地这种交流有很多，可能以后包括课程设计会牵涉需要用这些，现在的研究结果主要是看到两个方面，一个是说，学习对象是参加远程教育，必然是用很多的网络课程在学习，就是有这个经验就可以了，因为我现在看大陆跟台湾的普遍高于港澳的，这可能就是说那个学习本来的背景经验因素是主要的重点，如果以台湾跟大陆看，其中有一项大陆的平均数比台湾大，积极的自我概念，其他的大部分都是台湾比大陆的平均数高，也就是说这四个有差别的话，因为我们普遍接触的印象，大陆大学的学生，不管普通的或一般的，他们现在学习的动机普遍比台湾要高很多，也就是说从成就动机这个角度去看，我们的学生好像不认为说学习机会是多么宝贵的，可能在大陆方面觉得可能通过这教育可以向上流动或改变生涯的动机强烈，所以我是看这数据是这积极的自我概念的部分，现在说如果从大陆跟台湾普遍在三、四个层面都比港、澳强，可能是不是说我们的教育体系，比较让学习者在体验这个学习过程会比较有改进，就是说从过去到现在是不是因为我们以前的教育比较限制性，现在的教育已经变成比较开放，那是种明显的改进，会不会是这个，港澳普遍的原来就比较西方式，就是说从自由度来讲，因为台湾跟大陆都经过那种威权的教育过程。我们比如说对小孩子的教育，原来对他比较好，现在对他好他不会感觉有什么好，原来对他比较严格，现在对他好，他会觉得渐入佳境，就说这一种社会情境，对这种教育的影响跟对人民的影响。也就是说，现在我是感觉说，现在我们给学习者的权利还有他要自己去控制的，其实比以前增加蛮多的，如果以成人的角度看，你看年龄上的差别，再看最后这一份数据，只有一个差别，就是学习过程的改进，年纪较小的，尤其是55～60岁，就是说年纪愈大的可能更有那种感觉，可能以前在学习的时候，跟现在的学习情境可能是有很多差异，尤其是你看大陆从二三十年前开放的现象，尤其我们接触多了，他们的改变其实比我们更明显。所以会不会说，这种社会的这种体系的改变跟这个情境的变异，对学习的这种，其实是个人所感受到的情境的改变，形成这种气氛，可能会不会说比原来港澳的学习气氛，我们那种参与性是不是在这里，这是第一个我想讲的。第二个，就是设计的部分，现在从个人来讲是在学习，从提供者的角度可能是设计的过程，不管是在一般的广播电视上设计或是网络的设计，像我们现在说空大的学习，以前可能很多都是通过书面的、比较固定的形式在进行。现在可能慢慢很多都强调用网络，以前是用比较固定式的媒体，现在可能是媒体多样化。如果现在用网络学习，对很多人来讲可能会感觉方便性很多。记得以前读空大的清晨都要起来录音，有时候可能才录音一半，现在可能说我们叫异步的机会很多，而且辅导会越来越多，这个可能就说我刚讲个人的层面。另外就是我们提供者，就说教育机构，其实这种解放的思想也是蛮多的，这种差异是不是这两面形成这种互动，所以我是说，大概这个东西比如说学习过程的改进、学习内容的掌握、激励，还有积极的自我概念这些项目，就是提供者要解放给个人去做的部分，学习数据的搜寻，本来这个学习材料，它在方法上可能这个设计不会差这么多，但是在内容、还有激励自我这部分可能现在释放方面差距就蛮大的，这是我初步的想法，如果有这样的差异，我们在配套措施上去做。就是说，其实网络学习、远程教育基本上，就是一定要强调个人，可以去安排自己的学习按照自己的进度，学习就会产生最大的效应，所以在这方面我们在辅导或是课程设计上，应该因应这种差异性，因为再怎样我们每一个个体在学习上，可能我们说四个地方会有差别，其实个人的差别可能就更大，所以我们以前的教育设计有时候都会说，我们设计一套的东西，现在就可以多设计一些选择性的策略。比如说，有的人可能一进网站时候，可能有差异性。比如说，你是哪一类人可以先去看这一方面，那看完以后再去做一些我们说回馈的那个，因为现在网络的空间什么其实可以 PO 的弹性比以前多很多，比如说，课堂式的教学网络化，对我们真正个别差异辅导其实是不足，所以像现在很多入口网站，你是哪一种人就从哪一类进入，也就是说我们知道这个东西都有差异，但怎么去差异化。现在很多企业或者他们的产品就强调差异化，我说像这种设计或者可能要慢慢强调差异化，差异化就是说对我们这个两岸四地，现在他的需求是什么，就比较能够切入。我觉得说第一个要去了解。另外，很多所谓资源策略、资源体系，我们可能要去想一想那个社群的概念，学习其实有个社群，除了教育机构的人员、老师之外，其实最大的帮助者可能是在学习者之间。他们自己可以去形成这种社群，因为我们只有老师跟学生，这种对应是单向的、一条线而已。如果是学生之间是可以扩及很多，现在很流行的社群，像 Facebook、Twitte，其实它们的产生就是说变成一个多方向的，所以我是觉得说，如果是从网络的角度去看，学习者更可以去做这个。我们在课堂上受限于这个空间及时间的限制，但在这个网络上学习者没有这种限制，所以说除了教育机构的这种设计之外，还能设计到学习社群学习者之间产生那个互动，以前我们讲说，个别辅导好像是老师去辅导一样，那以后变成学生他辅导同学，那以过来者的经验或者说现在想法和经验可以产生这种资源策略，更可以去满足更多人。我强调就是说这种差异提供了一种信息，信息可能说它原来有种背后的，但是我们要往前看，可能要去发展。就是说，到底我们用了什么样的工具，可以用什么样的通路、渠道这样去做，先大致这样提，然后大家参考。

王政彦：谢谢、非常感谢杨所长，有很多微观的面向的特别所在，谢谢。

黄意雯：两位主持人、各位大家好：就这个议题来讲，我们要去探讨两岸四地的差异，需要了解两岸的文化、社会、背景的不同。当然在网络学习的方面还有一个特点就是属于个人背景、个人特质，还有它这边的差异。我就提出我在这方面的学习看法，拿出来大家来交流因为以我们系上来讲，我们系上最主要是两个部分，一个是数字学习系统，我们就会开发一些新的工具、新的系统。一方面就是数字学习内容，数字学习内容就是比较传统的，可是我们又不是像过去把老师们的上课的放到网络上，或者是把老师一些上课的东西录制下来放到网络上。我们比较着重在课程设计，比如说，可以提供的教案跟系统的部分相结合，其实在这方面，我就会发现说，以前我们从小教育就是如同刚刚两位教授所提到的，比较传统的讲授方式的一种教育的环境，现在藉由一些数字科技的帮忙，其实是导向一种多元化的学习，所以说其实是走向开放式的，像我们现在开发的系统来讲，我们除了说合作学习之外，也会希望说有一些视信化的学习，导向一些行动学习，所以就我们学习者本身刚接触新的科技的时候，他们都是兴奋的，就长远来讲的话，学习者的学习成效是如何，当然是需要长期的追踪，从成人教育的角度来看话，其实成人教育的角度可以分两个，一个就是说，我们要适应学习者的需求，如果从这个角度来看的话，其实就值得去探讨，我们这边研究的样本，学习者来上一些网络学习的课程，学习者的目的是什么，学习者是属于在职训练，还是把它当作一个终身学习，如果是在职训练的话，是属于第二专长的培养，还是在职进修，这些因素事实上都会影响我们要探讨的这几个层面。特别是比如说，学习的自我激励、还有积极的自我概念，我会觉得说，如果要进一步探讨的话，是可以从这边再做进一步探讨。在终身学习上面，比较不正式，就是它的学习比较有休闲性质，可是对成年人来讲的话，他可能就是跟他的兴趣相结合，在这种情况的话，可能他学习的动机也会比较强，在伙伴关系上面，其实就是成人教育的第二面向，他其实是可以帮助学习者去适应环境，他可以接触到藉由这个网络学习接触到新的东西、新的社会，跟他的 sociallife 去结合，认识新的朋友。这就是为什么，我看我们学生都玩 Facebook，对 Facebook 来讲，其实就变成一个社群，像我的话我课堂上，有一些东西想讨论，现在我就会采用一种共学共鸣的方式。我后来去发掘说，其实引进了一些新的元素给他们，然后他们就会有比较不同的看法，这就是一个我们期待，就是可以藉由网络学习，把他带领到一个适性化的学习。所以说在这方面，我会觉得两岸四地的差异，也许就是可以从这些面向去进一步地探讨。

王政彦：好、谢谢。其实三位提出的观点有一个共同点，我们会陆续从文献上探讨，一个是宏观层面，两岸四地的教育程度、之前的教育体系或说成人进修教育、现况、制度，包括课程内容，句括为学习者提供些学习资源的部分，这都属于制度面或是所谓整个学制这部分，比较具观的层面，否则没有办法来解释为什么有这方面的差异。第二是微观层面，是指很多个人的，包括价值观、学习经验、动机等，至少从 provider 提供者，包括课程、媒体的部分，或是教学者所提供的一些互动软件的应用，促进学习者与社会互动，或是学校本身有无这样的研讨等。那在微观者个人的差异上，我们当然有些个人背景、变项等分析，但各位可以看到没有提到价值观，比较所谓心理层面的分析，因为这一部分再加上工具的话，题目就很多心理层面，其实延伸了很多，就可以去了解分析，至于个人的因素所造成，为什么现在表面上会有这样的差异，港、澳都比较低一点，会不会港、澳向来都已经习惯这样的方式。刚才杨所长提到的比较西式的学习文化、学习风气，所以当他问到学习者自我调控学习训练其实对学习者来讲，已经习以为常，所以说没有一种特别的感受，比如说，从大陆来讲，这些成人的学习者，学习本身就比较充满职场的需要。刚才黄老师提到的，我们基本上都是在职教育的部分、课程内容部分，都是算回流教育部分不是一个非学分、推广教育那部分终身学习的课程，基本上是在职教育，大陆在这部分有就业压力，然后整个学习向上的力量就比较大等都有可能，因此，文献上要做一个铺垫，否则你在讨论的时候无法去讨论，为什么会有呈现这样的差异。好，谢谢，请宗处长。

宗静萍：两位主持人，各位老师大家好！我在还没有去辅导训练，其实我是在空中大学教学处内待过一段时间，我自己做过一些研究，还有实际上的观察结果，就是我们在设计网络课程之前，其实我们都是以老师的角度去想学生会喜欢网络教学，我们并没有从学生的角度去思考它是不是适合用这样的媒介，所以我之前做得研究是说，你要在做网络教学之前要先做一个前测，就是学生他的媒介使用偏好。因为我们有太多媒介，所以他必须要从这个角度去看，但是其实我们在台湾做网络教学的这一块都没有做到，就直接开始老师去做网络教学，其实在网络学习的当中，会出现一个问题，你对网络媒体的态度跟你对网络学习的态度，这两个其实是不一样的。你对网络的态度你是上网去休闲、去获取新知，可是你并没有把所谓学习这一块放进去，我们现在却是把网络变成是一个学习媒体。所以我觉得那两个的前提是不一样的，因为网络可以从最刚开始去做所谓的 E-mail 到上网去收新知，到现在的 Facebook，可是你今天要叫学习者去做网络学习的时候，就会牵涉一个问题，这个问题就是回到刚刚讲的，学习者有没有在这学习过程当中，迫切须要用网络学习，如果学习者没有觉得迫切，有其他可以替代型的媒介，他就不见得要选用网络这个媒体，因为你选用网络就会回过头来碰到你的学习伙伴的问题，你的学习伙伴可能是看不到的，他虽然在四周，可是你必须要他响应。另外，从网络学习上你还会碰到一个问题，学习者有没有感受到网络学习，学习成效会比用传统的上课方式来的显著？如果没有学习者也不会使用网络教育这个媒介，因为我觉得可能要先厘清在网络这一块是要告诉学习者是要做网络学习，学习者才可以继续下面的学习，我以前的研究结果是，基本上在用网络学习这一块学习者会有成效的时候是在网络学习经验，大概要有五年以上，学习者对网络整个非常熟悉了，才会把这个转移到学习的这一块，否则学习者只能停留在刚刚我所讲的，一直再接触或休息活动的这一块，不会跑到学习的这一块。像刚刚找到说网络的差异化，就是说在学习的过程当中，依照我们学校学课上课的时候，在选用的课程，第一周我们都会出现每一科目是用网络教学的方法，学习者会出现于这门课，第一周有多少人，假设人数是 50 人，你旁边的样脚上会有曲线出来，你这门课有 50 个，你可以对照到你第一次上讲课是 30 分钟，马上可以出现上午第一个讲的人有多少，哪可以算出多少人，甚至那时候我使用的一个软件是可以看到学生什么时候在上面修习，因为我们要有一个纪录，就可以帮我纪录谁在上面停留多少时间，所以说学生会告诉你他有进去，你可告诉他说你没有进去，因为在上面并没有看到他的纪录，所以这是科技可帮助很多学习的方式，可以让学生知道，老师其实是很注意你有没有出席，我觉得这是两个相互对应的。至于学习孤立或学习社群，我个人的作法是我会用较项目管理的方式在开始上课的时候跟同学讲，我们都会有一个类似的教学网站，但是不属于这门课下面的，学校会有这样的一个网页让我们去使用，你可以跟学生讲说你使用部落格(编者注：指"博客")，因为现在非常盛行部落格，你可以推荐把你部落格放上来，因为有些人不太喜欢让人家知道他的部落格，因为它是被踏足，所以他只是用来存脆抒发他的情绪，但是你可以跟你的同学分享，告诉他说，其实你也有部落格，现在好像没有部落格你会觉得没有什么，但是你有部落格，他就会觉得你跟一般学生不一样。可以从学习社群那一块去分享部落格，可以上部落格去讨论彼此的作业。刚刚有提到一点就是说，港、澳为什么跟台湾有差异？在去年年底的时候，刚好我有去比较韩国开放大学，因为我们要做网络教学的互动，还有去澳门公开大学，他们基本上是比较商业化的一个学校，我跟香港公开大学谈的时候，因为我觉得跟我们的学生比较大的差别是因为香港公开大学有两套教学设计，一套是完全都在讲这门课就是教学媒体推荐这门课，有传统的教学方式，学生就两个礼拜回学校上一次课；另外还有一个方式是全部都是用网络化的方式上课，所以我在想会不会是因为学生有一个替代性的方式可以选，我不晓得当初在访问到公开大学的学生，但是同样一门课，就有不同的学习方式，是不是因为这样稀释掉我们这一份的比重我不了解，发现的结果是这样，另外会不会有发生像香港仿造英国公开大学，其实他都会有一个 studypackage，都已经做好的，把一些作好的教材补充放网上，并不是所有的课程都在网上，所以我说会不会是这样的一个情况造成学生学习的一个状况。至于我们学校的作法，会走到网络教学这一块，其实有很大的一个因素，因为台湾空中大学他在 75 年成立，那我们高雄空大是在 86 年成立，相距到 10 年，可是在这10 年当中，网络的进展不是很大，差别最大是在 cable 这一块，有线电视这一块，台湾空中大学使用的是 UHA，超高频不会受到地形的影响，教育部门全力支持这一块，因为我们学校是市政府的，学校走的就是区域性的，就是用所谓的有线电视，有线电视大家很清楚有线电视只要跨县市，每一固县市都有无限电视台都会一样，所以他们播出的时间点也会不一样，当然就回到所谓的清晨跟深夜的部分，后来我们在广播的这一块，属于的是教育电台，教育电台给的频道是 FM，我们给的是 AM，AM 很显然是用高雄广播电台，但是高雄电台在高雄的收听率是非常差的，所以我们只好使用网络销售，刚开始就要使用网络教学，但是在 86年，我们做了个很简单的测试，学校的学生会使用计算机的有多少人，更何况要使用拨接的方式，所以没有办法，我们只好回来用传统的广播跟电视，我们刚开始还没有电视，一直到 92 年，才开始慢慢地去做网络教学这一块，到今天为止，我们三分之二的课程都是使用网络，用网络的效益是因为刚刚我有讲到会有学生的学习曲线，从开学的第一周是试听周，加退选都还没有，所以学生会呈现较高峰，但之后曲线就会下降，到什么时候会再增加，就是我们的期中考跟期末考，就很明显的又冲上来，所以现在学校在开会的时候会有一个讨论，网络选课是 100 人，为什么上网去收看人数是 20 人，这个时候老师可能就要回过头来去改善你自己的教学质量，所以就会有些老师在课堂上说，请你们一定要上网去看，因为那会变成评鉴老师，所以评鉴之后才会有一个不能说是一个标准，但是会成为一个概况。以上是我的一些经验，谢谢大家。

陈碧祺：两位主持人，各位老师大家好！其实我一开始看到书面的报告是有一些想要带给大家了解的内容，就是几位老师、还有主持人大概都有一些概念，但我却是说接受这些样本数的填答者大概都是空大的学生，在我个人的教学经验里面发现，纵使是这样子同性质的同学当中去比较恐怕是很难回答的问题，问什么今天都是答不出来。只能说就我们在台湾的一个教学经验，我个人认为从网络来协助辅助我个人教学，只能把他当辅助啦！所以我们有两种网络课程，有一种完全性的网络课程，可是我们课程就是数据全部在上面，然后同学自己去上网找数据，最后就是为一个考试。另外一种，我们还是很多很多学者采用一个混合式的方式，所谓的混成式的教学方式，就是一般传统式的教学，再加上网络辅助，这样成效是最好的。所以我们第一个问题就是想要了解，我们这个地方这个区域所使用的方式是偏向哪一种，或许这就是一个——是不是这四个区域所使用的都是合成式的教学，我们比较就看得出端倪。如果这四个区域的方式其实是不一样的，都是那种完全网络式的，两个区域是属于所谓的合成式的，这个比较其实是可以预测的。所以可能我就想要先了解这个区域用网络教学是什么样的设施。第二点，牵涉我们网络课程实施的一个主要的层面，我们在讨论网络课程会不会有效，我们就会看学习平台好不好用、是不是会很友善、同学是不是很容易就上手，纵使本身网络技能不是很高，可是呢！学生很容易就可以轻易地使用这些技能，学生也许只是第一次接触计算机，我们很友善的一个很容易就上手的操作接口很轻松，然后就很容易的喜欢这学习环境这点要了解，这个学习经验我们是不是差不多一样，不然很难去做比较。另一个，就是我们学习内容，学习内容又有分两种，要强调的就是有些学习内容就是有团队在协助在开发，跟老师自己一些开发把数据上传上去，所以如果是一个结构式的专业团队在对某些课程都是，基本课程有一个团队在设计的话，这样的课程往往是比较好，当然也牵涉互动性的问题，这样的课程里面是强化学生跟其他老师所提的互动性的问题，我们这样的一个学习机制是不是让同学的互动性很高，然后是不管这种互相的支持，互相的学习也好，对互动性也会影响。我的个人经验里面所以在是使用上会特别注意到我自己在用，我还是喜欢在传统教室而且是计算机教室，老师跟学生面对面，可是我在上课的时候，有时候找数据的时候，我会立即使用计算机，同学也是基本上还是可以有面对面的互动，然后同学之间也是一个互动，这只是说课后他们可以藉由网络上我们在传统教室上的讨论，或者是他们可以预习教材，我个人反而是觉得这样的效果最好，可是这又跟空大的情况不一样，空大是在家里上课。

宗静萍：其实我们也有这样的方式，其实这样也非常有趣啦，因为我们学校从 86

年开始也有很多毕业生了，毕业生考上研究所其实他们都第一个回来学校，反映他们希望采用这种方式在去上研究所，希望我们极力跟教育部申请，其实之前台湾空中大学有过这样。他们的理由是他们已经习惯这样的上课方式，觉得很好的时间去听课，然后再找时间跟教授考试或讨论，他觉得不需要每个礼拜都去听老师上课，他要把他很多事情都拨开来，可是在碍于我们现在的法令是无法这样的。学生几年在台湾空中大学读书已经习惯这种上课方式，可是最后到研究所又要他回到那种传统上深方式，所以变成这种课程夹在一般大学学制跟跟空大，感觉他好像突然冒出来一个学习环境，没有办法接续下去，就会处在一个非常尴尬的情况。所以我们学校的方式要接轨到外界像是香港公开大学这一类的，我们现在已经在做这一块。

陈碧祺：我最后还是就我们比较课堂式的教学。为了学业，为了修习的课程，我相信我今天的研究的面向是比较开放式的，我们是在职学生、在职进修利用网络，所以这题目是比较偏向网络的在职进修的学生自我的教材学习，这样的范围得到这样的结论，如果跳脱出来是我们两岸四地的成人使用网络自我学习、自我进修我们叫终身学习的层面来看或许就会不一样。所以这样的一个研究结果是在职进修的学生那是配合学校还是有学校环境在学习，我就很好奇，之后是否会延伸一些开放式的终身学习，我们自己都是一个网络学习者，从网络学习工作也好个人的教学也好，我们会看看别人的教材怎么写，我们自己当父母的，当小孩子遇到医疗的问题，我们也会在网络查数据。就我个人经验来讲，我的网络学习是非常丰富的，而且每天都在进行，而且对我个人都有相当的成长以上是我的经验。

朱耀明：各位抱歉，我是不是能建议，因为我刚刚从几位老师的说法及想法其实在看，因为这次我们牵涉学习的 e 世代，今天这些对象都是要求学位的，还是刚才陈老师所提到的自我进修这样，因为这些学生在大学是修一个学位，完成之后再用 80 学分的方式，我所想到的是响应刚刚这些都是公定的有效行为，第一个，因为有效率又方便，愿意去使用这个科技愿意去接受的这种方式，如果说今天用这个取得到大学的学位，他觉得很有效很方便，那当然期待再用这种方式去取得硕士学位，这个就会牵扯到说，这跟一般上课方式是好的。当然愿意，刚刚宗处长讲到说一开始上课很多人，接下来又到考试上去了又下来了，又到期末考又上来然后又下去了，在这个当中学生只是认为这是一个取得学位的一个过程，考试就是一个必要的关卡，所以说他在里面学习，可能对学习的过程及关卡，可能请陈老师作一个区隔，原则上这会牵扯到说调查的一个差异性。第二个，就是我稍微看了一下调查的基本数据，34 岁以下的占 79%，就是说他们都比较倾向于年轻，算是刚就业不久的年青人，因为工作上面的需要或是文凭上面的需要，而来进行这样的一个进修活动。参与的都是管理学院与其他学院的居多，表明工作上面可能他觉得所需要的，但是专业的是比较少喔，在管理阶层管理部分的是不是任何一个领域的人都可以读的，基础知识的需要不是那么强，是属于那种会比较愿意来进修，这我在猜因为我不晓得，在这块是可以去试的喔。第二个的部分，这里面有提到说需要改进的措施，还是要去做喔，那是不是愿意提供他愿意去学习，或是不管在自我效能或自我学习的部分，再这一块他能够更好，或是说能够激励自我激励，在这一块当然也是要看个人特质会不同，使用上的不同确实是会有差异的，比如说，有人有场地依赖型的，也有独立型的，就是你讯号抛出来，朋友跟你 call 了，你就很习惯的去跟他回，当然你的进度就是不行的。有些人就不会因为这些事情，你不要了解这样的课程时，才有办法了解到我要的是什么东西。最近参与一个研究案里面是一个竞赛的活动，是个创意竞赛，针对创意竞赛我们想到的一个方式，就是所有参与人的一个知识平台。我们是模仿了一个网络知识家的这样的机制，我们发现成效真的是很好，当然这些参与者都是学生，有高中学生、国中学生还有家长，我们发现目前这个机制对现在的年轻族群来讲是非常有效的，因为它的激励措施就包括了阅读登入就有积分、回应有积分、评比有积分。积分会不段的累积，累积完了之后就会有升等，升等权限就会加大。类似论坛的这样一个机制，在这边运作的是非常的棒，当然这些最后的地会有得奖，所以学生在这一块也乐于分享。对于这种方式其实就是对自我激励的作用，什么事是你觉得比较有用的，这种方式是比较具体的一种激励，但是对成人而言，它的激励是什么？那刚才王院长有提到，科技在使用这些东西，跟网络是很不错的，通常在使用新科技有一种现象，就是一开始带有一种社会地位，比如说早期使用液晶电视是有钱人的，所以代表用的那个人也是也是有钱人的，代表社会地位高，但是过了一阵子之后，它慢慢地就会降下来，回到最底层，就是我真正的需要是什么，所以在这种情况之下，在这几个地方是不是有一个牌子我不晓得，因为当我在北、中、南、东所使用在手机上的是一个这样的习性上面，发现台北的学生对手机来讲，已经是 5、6 年前的事了，就是日常用品在东部表现出一个社会地位很明显，所以我们可以知道这样的一个现象，在这里面是不是说因为别人都没有在用网络，我个人是觉得坚持这种自我 feelgood 的，所以就是在这边不可以跳掉，还是怎么样我不知道，因为这些都是一种背景，讲到背景或是一个变项的一个差异的，我觉得都会有影响，谢谢。

王政彦：台湾电信手机的使用在北、中、南、东的使用习惯还有差异。网络也是信息科技的产业，台湾很小，但是的确也有地区差异。东部会把手机当成一种身价地位的象征，台北他是一种工具来源，已经是几年前啦，手机没有那么的频繁的时候，现在其实两岸四地背后经济水平存在的差异。

陈碧祺：我倒是想要再了解一下，想要研究。我想要对照细部的实施再做了解，我们的这个数据里面除了有样本的基本数据以外，有没有一些学校接受调查的一些使用网络教学的描述？

王政彦：个别学校我们取样的学校，一定要有描述吗？样本描述的那一部分？

陈碧祺：所以是说学校他们使用网络教学的部分，比如说，我就想了解他们使用什么平台？然后课程内容是由谁提供？她们是如何实施？有没有这些学校使用网络教学的一些基本数据？这样对于我们回答这些问题或许会有帮助。

梁文慧：我是负责香港、澳门学校的，各地成人教育学会的上层，继续教育跟最上层的人，我在华南就选择了在网络基础教育方面比较有名的学校，学校的资料我们都有，要到今年年底 12 月研究才会整个完成，大陆方面的网站、澳门方面、香港方面。我们一开始就采用香港大学，他们大概只有几十个人有学过，基本上没有几个人有过网络学习，我们在讲这个也是继续教育学会，香港中文大学他们的样本，大部分都是香港公开大学的学生，给我们的学生响应都是老师那边，在香港方面很晚到香港公开大学这一套描述，在澳门方面，地方比较小，只有 27 万平方公里，当初有跟澳门的电信局合作，但是成效不佳。我们也有一些合作的网络课程，有采用面对面及网络授课结合的方式，这样学生的配合度较高。

陈碧祺：我相信在这个研究报告里面呢，搭配这些样本的书数的话，说不定可以找到地底有什么不一样，我比较好奇的另外一个是，这些问卷里面问的是学生们使用学校提供的网络平台的意见，还是使用一般网络的，对比特别有争议，如果是这样的话，我们刚才就更想了解，这很重要，就数据是一定要呈现出来的，然后我也很想要了解，在这些样本基本数据里面，大概没有叙述每周他们使用网络通常都会每周时数，问他们使用网络时数，然后都是在哪里上网，这些都会影响到数据呈现，有这样一个题目吗？

王政彦：表现为使用网络习惯，因为目前都是网络学习者，好像题目资本数据有的话，那些都是现在的网络学习者。

陈碧祺：就是说他们平常上网和在学校提供使用网络学习平台来学习的，这个会不一样。

宗静萍：如果是以我们学校的，平均一个学生他会上网 3～4 次，每一次大概都上网 1～2 小时，当作学习性的门槛，其他因为我们学分通常一周会 PO 两种课程，所以是很接近的，一次大概 1～2 小时，因为我们学校是零污染的，对老师来说是非常容易的，对学生来说也更加容易，因为我们学校让学生去上网络课程的时候，我们电算中心会做一个很短的说明，电算中心告诉你怎么去上这个网络课程，会教你怎么去学习，所以我不晓得在这些课程当中有没有一门课叫做"学习如何学习"，就是你要去学习怎么去学习网络这些课程，其实会帮助学习者更容易进入学习的状况。没有的话，我们学校之前有碰到一个状况就是，我们第一周几乎是打电话进来看他在网络上没有，就是他不会操作计算机，所以你要一步一步地告诉他说先打开计算机，这些人很显然地不是使用计算机的人，但他修了网络的课程，因为我们发觉，会去修网络课程的人喔。其实同学推荐的满多，第一个你不用守在收音机旁，第二个你不用看电视，你随时都可以听同学讲，因为会有同侪的压力，他就会开始去网络上学习，可是他又不会也不好意思问人家，他就会打电话问我们，你就一步一步告诉，其实可以上网看，他就会跟你说，他之前都没有使用过，但是他选择了网络课程，所以说你要藉由从传统的电话来告诉他，另外会的人还是会用网络这一块，比较有趣的是，他第一次尝试网络教学这一块，觉得会很方便，以后的课程就会都放在这一块，这是我们学校现有的经验。

王政彦：谢谢！刚刚我们陈老师所提出来的还有两种情形的说明，从我们取样的大学做出来的里面取的样本，提供了网络的基础的服务方式是什么，交代一个，我觉得提供了一个基础，就是说他用了网络学习服务的技巧，就是配套的作法是什么？然后在样本的描述时，后放上去会比较清楚，在后面的讨论也会比较容易，有时候这样的差异因为那个因素造成的，谢谢。我们还有一点时间，各位还有没有再提问的？

杨国德：如果说是机构别，看你现在是调查哪一间机构就可以了解。如果是要学习形态，刚刚陈老师指的那个，怎么再做网络，所以说在机构别的第四项喔，跟前面一个勾的时候问过，所以说机构别可以把它挑出来，到底哪一些机构是你所属的哪一个部，有些成人他在勾选的时候，他认为他自己的学校不是在第三款，他就勾选到第四款，所以我说把现在这个机构别拆成两块，一块就是说现在调查是哪些机构，另外一块是说网络学习形态用陈老师的，就这两块区隔，我是觉得这两个会混。如果现在原始资料还可以，把它放上去做一些调整的话，根据刚刚陈老师的建议会有内涵。

朱耀明：在学习形态上面，如果说有可能性的话，刚才所提到的其实是他们学习网络的一些焦虑阿，这些焦虑会影响到他们得学习动机，这些的使用方式能够做多点调适，这是第一个。第二个就是说他们怎么了解上课的形态会取得支持，这是有关到他们的学习资源，这里会看到一些不同的，既然方式是一样的，对于这些平台学习的机制，可以去协助到这样的一个方式，我觉得这是可以有帮助的，因为时间控制也是一个在自我的调控学习下多一块，因为时间上它有没有那种自主的调整时间机制，这些都可能会影响到，因为我是试着从这些座谈大纲里去做的，这一些都可能会有安排他的工作、学习进度、跟时间的分配，这个机制上面提供作用，评分的方式是一种自我激励的表达方式，是考试而已，是不是我上台回答很快的，到我的学习方式是有帮助的，很有可能扮演的角色啦，我觉得有做这样的描述也不错啦。的确很可能会造成这样的差异的背后因素，谢谢。

宗静萍：我想提一个，因为从网络教学的那一块来说，因为我刚刚有提到，不是有学习曲线得差异吗，其实会衍生出一个问题，因为有的老师所有课程都放在网络上，所以没有替代性的教材，但是像台湾空中大学有所谓的纸本，所以学生可以不看电视、不听广播、或看电视，也可以考试，那在这个研究当中是不是可以注明一下所谓的网络学习的课程，他必须完全是从网络上面，因为现在教育部有两个方式，一个是由在线教材作评鉴，另一个是在线教学，在线教材就不能完全写出请你参考课本，这是不可以的，他必须是完全可以联结电子书上面，是不是可以做这一块的描述，就是说他的在线课程，他是必须完全来自于网络？还是说，原来是书面的教材他把他扫描到在线？我觉得基本上是会有差异的，会去影响到他怎么去进行材料的搜寻，因为如果全部都是在线教学，他就必须上网络处理，如果他有替代性的教材，就像我刚刚讲的那个公开大学，还是那个澳门公开大学，他都有一个 studypackage，虽然是远程教学，可是就没有把东西放在网络上，是把东西寄给你或是你来注册就把东西给你，所以，我就不需要上网，即便你有网络，他其实也不需要授权，因为他有替代性的教材可以用。

黄意雯：基本上我刚刚听到的那些喔，比如说学习计划的问题，还有一个可以探讨，比如说个人特质不一样，其实他们的生活习性喔，也是可以列入考虑的一种。他比如说他之前已经习惯了这样的一个学习模式，念研究所的时候他也会想这个问题，比如说从我们系上的学生的修课情况，这很好玩得一点，因为我们系上的学生来源大部分的背景都是在职的老师，或者是有工作的，有一次我们同事就开了一门课，然后大家都误以为他是一个远距的课程，结果就有一堆人来修这门课，就把那间所有的要修的课程全部集中，学生全部都来，就这样其他的课都开不成了，那后来呢！等他们修了课、过了加退选之后，他们才发现不是这样子。那会问有些学生会说为什么对于远程教学，学生第一个想到的是我不用来到学校上课，所以说就是像刚刚提到有一些背景因素，就是今天他们到底有没有替代方案，然后像刚刚梁总监所提到的，他们本身就有一个教材，然后只要看一看就好了，这是一个比较。还有一个比较是说对有的人的生活习惯来讲，就是说他已经上班了，然后像我们的学生有的来自嘉义或过来，他们就会觉得，像这种远程教学网络课程，不管我的喜好如何，不管我们的学习成效如何，他就觉得这是对我来讲是一个最好的选择，然后在我的进修管道里面，就是我最佳的选择。我会建议说，可能把这一方面的背景也要纳进来，就是像之前有提到的学生是在职进修，是要拿学位的，这也考虑到一个个人动机问题，所以这研究就越走越深入了，谢谢。

王政彦：在两岸四地华人小区，其实上我们出现的差异只是一个统计上的表象，更重要的是我们后续的问题出在哪里？出现在哪里的话，我们刚刚都有提过，其实有宏观面，有一些观念涉及的层面非常多，有制度面或者是网络的提供者，教育单位他本身是用什么方式提供网络信息，或是一些配套的学习制度等，这些都是一个差异，更重要的是个人的层次部分。由社会背景面向、心理层次的研究，所以我们的研究其实满大的。如果我们把前面的有所说明、文献的探讨、再归纳一些的差异，然后有这样的实证数据出来，由文献来加以解释，我想这就是研究的价值所在。也可以来协助我们的讨论，华人地区学习的一个差异，情境是在网络上，我觉得是蛮有他的价值所在。其实，今天各位所谈的，研究团队也有蛮大的收获。就是刚刚所谈的问题的理清、背景资料的补充、还有后续讨论的一个重点。我们发现跟各位归纳出来的，后续持续去追踪非常微观。不同层面的问题，这部分再形成一个建议可以去讨论。第二个层面就是大家来思考，在台湾地区各位基本上是从台湾的一个角度来看，我们对港、澳、大陆的部分的状态，可能说今天针对的，比如说从大陆的学者角度来看，这对港澳跟台湾的原因可能是什么？那意义也不同，也没办法去揣测，可能说从大陆的角度来看大陆的学生，发现哪些部分比港、澳还强，甚至比台湾还强，或是与台湾相当是以大陆的角度来看，以他们的教学经验来看，意义何在？原因何在？因为参加会议也是在持续教育方面、持续教育，就是说在我们的进修教育的这一部分，他们有多少实际去教成人的在职教育，所以实际有在职教育的教学经验不尽然，还有网络教学的经验，我们修正的题目就是对港、澳，从港、澳的角度来看港、澳的学生，再比较差异。我觉得这背后有很多的问题所在，各位知道，区域研究也是一个热门的话题，区域研究的经济、政策做得比较多，我是蛮关心成人教育或技职教育这一块，所以选这样的主题试着来探讨。在两岸四地中港、澳相对小，台湾也很小，但是大陆太大了，那这种歧异性很大，所以这是蛮有挑战性的地方。但是如果针对这样的发现的背景，我相信多多少少有这样的价值的发现，谢谢各位。在结束前还有补充的各位，随后的提供没有关系。

梁文慧：各位的意见很宝贵，对这个研究贡献都很大，澳门很小，就有 8 所高等院校，我想推资源共享，想推 E-learning。

朱耀明：因为我想了解陈老师有提到的，其实他们为什么会做这样的进修，目的是什么，我也想知道说，澳门地区参加这样的进修完成之后，对学生的利益如何，也许对台湾的学生来说，是为了要拿到学位，在工作上有什么帮助，在澳门是不是这样取得到学位呢？还是指就是一个额外的进修而已，这两个目的性可能影响到得愿不愿意去克服排除目的。

梁文慧：我们的证书都是跟英国一样的，澳门都是硕士，我们这边都是学士，大陆都是学士，香港的是研究所，取的样是学士完成之后取样的学位，完成之后学位对他们的影响不是很清楚啦，我是觉得这也是满有意义的议题，是不是真的有议题或者是实际的不管是学程也好或是求职也好。

王政彦：谢谢各位我们时间差不多，再次感谢各位，如果你们有纸本的书面数据也可以交过来给我们，再次感谢。

参 考 文 献

一、中文部分

1. 毛国楠, 程炳林. 目标层次与目标导向对大学生自我调整学习历程之影响. 教育心理学报, 1993, 26, 85-106.

2. 王先亮. 大学生自主学习的评价研究. 东南大学高等教育学系硕士论文. 2006

3. 王雨露. 大学生自我调节的特点及其与网络成瘾倾向的关系. 四川师范大学发展与教育心理学硕士论文. 2008

4. 台湾成人教育学会主编, 王政彦. 自我学习与学习型组织. 学习型组织, 73-115. 台北：师大书苑. 1999

5. 台湾成人教育学会主编, 王政彦. 成人的自我调控学习. 成人学习革命, 107-139. 台北：师大书苑. 2000a

6. 王政彦. 成人隔空学习议题的延伸——从自我调控学习的分析. 成人教育, 56, 9-21. 2000b

7. 王政彦. 成人自我调控学习理论向度之分析及评量工具之发展(2). 台湾科学委员会补助专题研究计划. 计划编号 NSC91-2413-H-017-001. 2003

8. 王春梅. 自我调节能力与英语专业学生英语写作能力的关系. 首都师范大学外国语言学及应用语言学硕士论文. 2008

9. 王国昌. 利用网络资源培养成人学员英语学习的自主性. 广东教育学院学报, 2004, 3, 23-36.

10. 王爱霞. 网络学院成人学生英语自主学习能力的调查与培养. 华中师范大学学科教学硕士论文. 2008

11. 王艳春. 提高成人英语自主学习能力之行动研究. 科教文汇, 2008, 10, 122-129.

12. 田雨. 浅谈如何激发成人高等教育学生的英语学习动机. 湖北大学成人教育学院学报, 2009, 1, 22-40.

13. 田艳红. 英语电影和成人自主英语学习. 高等函授学报, 2008, 5, 17-30.

14. 司洋. 个体差异和学习策略之间的关系与自主学习. 首都师范大学课程与教学论硕士论文. 2008

15. 朱敏虹. 成人英语教学中学习策略的运用. 远程教育杂志, 2006, 5, 14-26.

16. 吕祝义. 国民中学辅导人员自我调整模式之建构与验证研究. 高雄师范大学教育研究所博士论文. 1998

17. 邱贵发. 网络世界中的学习：理念与发展. 教育研究信息, 1998, 6(1), 20-27.

18. 李祈仁. 原住民地区小学生网络自我学习适应的知识移转影响因素及其模式研究.

高雄师范大学工业科技教育学系研究所硕士论文. 2007

19. 李雪梅. 谈成人学习英语的自主性与合作性. 海南广播电视大学学报, 2006, 4, 21-29.

20. 李嵩义. 空中大学学生自我调控学习策略及学习满意度之关系研究. 高雄师范大学成人教育研究所硕士论文. 2002

21. 李树亮. 成人英语自主学习和合作性学习探究. 继续教育研究, 2008, 6, 12-23.

22. 周仕宝. 个别化学习与成人英语教学. 淮北煤师院学报, 2002, 2, 44-56.

23. 林心茹译. 自律学习. 台北: 远流出版社. 2000

24. 林秉贤. 体验式学习团体对少年自我调节影响之研究. 东海大学社工学系研究所硕士论文. 2007

25. 林重岑. 高中职学生自我调节学习的结构模式分析. 彰化师范大学教育研究所硕士论文. 2003

26. 林清山, 程炳林. 初中生自我调整学习因素与学习表现之关系暨自我调整的阅读理解教学策略效果之研究. 教育心理学报, 1995, 28, 15-58.

27. 林清文. 自我调整课业学习模式在课业学习谘商的应用. 彰化师大辅导, 2003

28. 林建平. 资优生的自我调整学习. 资优教育, 2002, 85, 31-35.

29. 岳修平 数字学习的教学型式与学习平台. 2004, Retrieved December 13, 2006, from http://edtech.ntu.edu.tw/epaper/930810/prof/prof_1.asp.

30. 施能木. 一个教学资源网络的建构与应用. 视听教育双月刊, 1998, 40(2), 32-43.

31. 洪明洲. 网络教学课程设计对学习成效的影响研究. 远程教学系统化教材设计国际研讨会论文集. 1999

32. 洪明洲. 网络教学. 台北: 华彩软件. 2000

33. 倪丽君. 基于元认知的网络自主学习环境研究. 华东师范大学教育技术学系硕士论文. 2005

34. 殷微. 网络自主学习下的形成性评估. 黑龙江大学外国语言学及应用语言学系硕士论文. 2009

35. 翁幸瑜. 德语学习者在线与非在线自我调控学习与学习成效之比较研究. 高雄师范大学成人教育研究所博士论文. 2007

36. 唐美玲. 网络环境下培养成人教育学生英语自主学习能力的探讨. 太原都市职业技术学院学报, 2009, 4, 50-61.

37. 梁峻哲. 网络学习支持系统之建构及其与学习成效之相关研究. 国立中正大学成人及继续教育学系硕士论文. 2004

38. 陈年兴. 网络教学的课程设计与班及经营. 图书馆与信息科学, 2003, 29(1), 05-14.

39. 陈品华. 二专生自我调整学习之理论建构与实证研究. 政治大学教育研究所博士论文. 2000

40. 陈彦青. 企业员工数字学习之学习风格与学习绩效及其相关因素之研究. 世新大学

信息传播学系研究所硕士论文. 2007

41. 陈铭村. 成人网络学习者学习风格自我调控与学习成效关系之研究. 2004

42. 高雄师范大学成人教育研究所硕士论文.

43. 张永盛.小学生网络自我学习环境知觉之研究. 高雄师范大学工业科技教育学系究所硕士论文. 2007

44. 张景媛. 自我调整, 动机信念, 选题策略与作业表现关系的研究暨自我调整训练课程效果之评估. 教育心理学报, 1992, 25, 201-243.

45. 张纯瑗. 网络学习环境中自主学习策略与学习成效之相关研究. 台北市立教育大学课程与教学研究所硕士论文. 2007

46. 区衿绫. 成人在线自我调控学习与学习支持需求之关系研究. 高雄师范大学成人教育研究所硕士论文. 2006

47. 黄春. 雏议学习风格与成人英语口语教学. 黑龙江科技信息, 2009, 9, 141.

48. 黄富顺. 成人心理. 台北: 空中大学. 1993

49. 黄添丁, 韩美文 计算机基础课程改良式教学法之研究. 1999.5 发表于昆山技

50. 第十四届全国技术及职业学校教学研讨会, 昆山.

51. 彭圆. 成人教育弹性学制下学生英语自主学习能力培养研究. 长沙铁道学院学报, 2007, 2, 70-89.

52. 曾奇, 王琼. 成人自主学习英语的初探. 江汉石油职工大学学报, 2006, 3, 14-36.

53. 叶琬琪. 初中英语教师成就动机与自我调控学习关系之研究. 高雄师范大学成人教育研究所硕士论文. 2005

54. 乔龙宝. 改进成人英语学习效果的策略. 中国成人教育, 2008, 8, 111-132.

55. 程炳林. 自我调整学习的模式验证及其教学效果之研究. 台湾师范大学教育心理暨辅导研究所博士论文. 1995

56. 程炳林. 动机, 目标设定, 行动控制, 学习策略之关系: 自我调整学习历程模式之建构及验证. 师大学报, 2002, 46(1), 67-92.

57. 杨深坑. 科学教育与教育学发展. 台北: 心理. 2002

58. 杨洁欣. 寿险业内勤人员工作轮调, 自我调控学习与工作满意之关系研究. 高雄师范大学成人教育研究所硕士论文. 2003

59. 杨德超. 基于网络自主学习的元认知能力提高探究. 山东师范大学教育技术学系硕士论文. 2009

60. 赵霞. 大学生认识论信念, 自我调节学习与学业拖延的关系. 山东师范大学发展与教育心理学硕士论文. 2009

61. 宁静. 构建校内网中大学生网络自我形象的因素分析. 东北师范大学新闻学系硕士论文. 2009

62. 梁文慧, 王政彦. 两岸四地大学发展持续教育合作研究. 北京, 清华大学出版社. 2007

63. 郑雅中. 应用在线带领策略网络学习社群讨论之设计与实施. 台南大学教育系科技发展与传播系研究所硕士论文. 2007

64. 翟绪阁. 大学生网络自主学习影响因素研究. 大连理工大学硕士论文. 2009

65. 刘乃美. 谈成人英语听力教学中的自主性学习. 中国成人教育, 2006, 7, 115-132.

66. 刘永权. 远程条件下成人英语学习策略. 北京广播电视大学学报, 2007, 3, 17-35.

67. 刘百宁. 谈个性化需求与成人英语自主学习能力的培养. 教育与职业, 2006, 5, 47-62.

68. 刘财坤. 台湾南部地区国民小学教师自我调控学习与终身学习素养之研究. 高雄师范大学成人教育研究所硕士论文. 2005

69. 刘佩云. 儿童自我调整学习之研究. 政治大学教育研究所博士论文. 1998

70. 刘彩霞. 中国网络多媒体环境下自我调节外语学习个案研究. 长沙理工大学外国语言学及应用语言学硕士论文. 2009

71. 刘傲冬. 成人英语学习者自主性学习研究. 台湾: 社会科学家, 2005, 4, 53-69.

72. 赖志群. 数字学习现况与未来发展趋势. 2005, Retrieved November 9, 2006, from http://www.iii.org.tw/itpilotmz/unit3/4_1.htm.

73. 谭华静. 成人英语学习特点及教学策略的研究. 考试周刊, 2008, 3, 73-82.

74. 罗卫华. 远程开放教育成人英语学习策略研究. 大连海事大学外国语言学及应用语言学硕士论文. 2008

75. 魏丽敏. 影响小学生儿童数学成就之自我调节学习与情感因素分析及其策略训练效果之研究. 高雄师范大学教育心理暨辅导研究所博士论文. 1996

76. 魏丽敏. 影响小学学童数学成就之自我调节学习与情感因素分析之研究. 中师学报, 1997, 11, 37-63.

77. 魏丽敏, 黄德祥. 初中与高中学生家庭环境, 学习投入状况与自我调节学习及成就之研究. 中华辅导学报, 2001, 10, 63-118.

78. 苏芬媛. 网络虚拟小区的形成: MUD 之初探性研究. 交通大学传播研究所硕士论文. 1996

二、英文部分

1. Allyson, F. H. & Winne, P. H. . ConoteS2: A software tool for promoting Self-regulation. Educational Research and Evaluation, 2001, 7(2-3), 313-334.

2. Bandura, A.. Social Learning Theory. Prentice-Hall, Engle wood Cliffs, New Jersey. 1977a

3. Bandura, A.. Self-efficacy: toward a unifying theory of behavioral change. Psychological Review, 1977b, 84(2), 191-215.

4. Bandura, A.. Social foundations of thought and action: A social cognitive theory. Engle wood Cliffs, NJ: Prentice Hall. 1986

5. Bandura, A. (1991). Social cognitive theory of self-regulation. Organizational Bahavior and Human Decision Processes, 50, 248-287.

6. Bandura, A. & Cervone, D.. Differential engagement of self- reactive influences in cognitive motivation. Organizational Behavior and Human Decision Process, 1986, 38, 92-113.

7. Bandura, A. & Wood, R.. Effects of perceived controllability and performance standards on self-regulation of complex decision making. Journal of Personality and Social Psychology, 1989, 56, 805-814.

8. Boekaerts, M.. Self-regulated learning: where we are today? International Journal of Educational Research, 1999, 31, 445-457.

9. Brown, A. L.. Metacognition, executive control, self-regulation, and other more mysterious mechnanisms. In: F. E. Weinert & R.H. Kluwe (Eds.), Metacognition, motivation, and understanding. (pp. 1-19) Hillsdale, NJ: Lawrence Erlbaum. 1987

10. Caver, C. S. & Scheier, M. F.. Attention and self-regulation: A control theory approach to human behavior. New York: Springer. 1981

11. Corno, L..The study of teaching for mathmatics learnung: views through two Lenses . Educational Psychologist, 1988, 23(2), 181-202.

12. Corno, L.. Self-regulated learning: A volitional analysis. In B. J . Zimmerman & D. H. Schunk (Eds.), Self-regulated learning and academic achievement : Theory, Research, and Pracetice(pp.83-110). NY: Springer-Verlag. 1989

13. Corno, L.. The best-laid plans: Modern conceptions of volition and educational research. Educational Researcher, 1993, 15, 14-22.

14. Chang, M. M.. Enhancing web-based language learning through self-monitoring. Journal of Computer Assisted Learning, 2007, 23, 187-196.

15. Chen,Y. M.. Learning to self-assess oral performance in English: A longitudinal case study. Language Teaching Research, 2008, 12(2), 235-262.

16. Ee, J., Moore & Atputhasamy, L.. High-achieving students: Their motivational goals, self-regulation and achievement and relationships to their teaches' goals and strategy-based instruction. High Ability Studies, 2003, 14(1), 23-40.

17. Eom, W. & Reiser, R. A.. The effects of self-regulation and instructional control on performance and motivation in computer-based instruction. International Journal of Instructional Media, 2000, 27(3), 247-261.

18. Garcia, T. & Pintrinch, P. R.. Self-schemas, motivational strategies and self-regulated learning. Paper presented at the Annual Metting of the American Educational Research, Atlanta(ERIC Document NO.ED 359 234.) 1993

19. Hill, J.R. & Hannafin, M. J..Cognitive strategies and learning from the World Wide Web. (ERIC EJ558449.) 1997

20. Hughes, C. & Hewson, L.. Online interactions: Developing a neglected aspect of the virtual classroom. Education Technology, 1998, 8, 48-55.

21. Law, Yin-kum Chan, & Sachs, J.. Beliefs about learning, self-regulated strategies and text comprehension among Chinese Children. British Journal of Educational Psychology, 2008, 78, 51-73.

22. Kaplan, L. E.. Learning Circuit : Glossary. Retrieved November 9, 2005, from http://www.learningcircuits.org/glossary.html. 2002

23. Keegan, D.. Foundations of distance education. London and New York: Routledge. 1990

24. Knowles, M. S.. The modem practice of adult education. New York: Association Press. 1980

25. Kuhl, J.. Volitional aspects of achievement motivation and learned helplessness: toward a comprehensive theory of action control. In B. H. Maher (Ed.), Progress in Experimental Personality Research(pp.99-177). NY : Academic Press. 1984

26. Kuhl, J.. Volitional mediators of cognitive-behavior consistency : Self-regulatory processes and action versus state orientation. In J. Kuhl & J. Beckman (Eds.), Action control: From cognition to behavior(pp. 101-128). New York: Springer-Verlag. 1985

27. Kuhl, J. & Beckmann, J.. Historical perspectives in the study of action control. In J. Kuhl & J. Beckman (Eds.), Action control: From Cognition to Behavior(pp.89-100). NY: Springer-Verlag. 1983

28. Malpass, J. R., O'Neil, H. F., & Hocevar, D.. Self-regulation, goal orientation, Self-efficacy, worry, and high-stakes math achievement for mathematically gifted high school students. Roeper Review, 21(4), 281-289. 1999

29. Markus, H. & Wurf, E.. The dynamic self-concept: A social psychological perspective. Annual Review of Psychology, 1987, 38, 299-337.

30. Mcmanus, T. F.. Individualizing instruction in a web-based hypermedia learning environment: Nonlinearity, advance organizers and self-regulated learners. Journal of Interactive Learning Research, 2000, 11(3), 219-251.

31. Moore, M. G.. Editorial: distance education theory. The American Journal of Distance Education, 1991, 5 (3), 1-6.

32. Moore, M. G.. Theory of transactional distance. In E. D. Keegan (Ed.), Theoretical Principle of Distance Education (pp.22-38). New York: Routledge. 1996

33. Nyham, B.. Developing people's ability to learn. Brussels: European Internauniversity Press. 1991

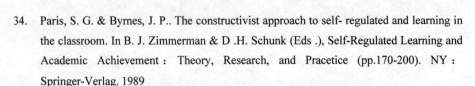

34. Paris, S. G. & Byrnes, J. P.. The constructivist approach to self- regulated and learning in the classroom. In B. J. Zimmerman & D .H. Schunk (Eds .), Self-Regulated Learning and Academic Achievement： Theory, Research, and Pracetice (pp.170-200). NY： Springer-Verlag. 1989

35. Piaget, J.. The grasp of consciousness: Action and concept in the young child. Cambridge, MA ： Harvard University Press. 1976

36. Pintrich, P. R.. Motivation and learning strategies interactions with achievement. Paper presented at the American Education Research Association Convention, San Francisco, California. 1986

37. Pintrich, P. R.. The dynamic interplay of student motivation and cognition in the college classroom. In C. Ames & M. Maehr (Eds.), Advances in Motivation and Achievement: Motivation in Enhancing Environments(Vol. 6, pp .117-160). CT：JAI Press. 1989

38. Pintrich, P.R.. Understanding self-regulated learning. In R. J. Menges & M. D. Svinicki (Eds.), Understanding Self-Regulated Learning, New Directions for Teaching and Learning (No.63, pp.3-12). San Francisco, CA：Jossey-Bass Publishers. 1995

39. Pintrich, P. R. & DeGroot, E. V.. Motivational and self-regulated learning components of classroom academic performance. Journal of Education, 1990, 82(1), 33-40.

40. Patrick, H., Ryan, A., & Pintrich, P. R.. The differential impact of extrinsic and mastery goal orientations on males' and females' self-regulated learning. Learning & Individual Differences, 11(2), 1999, 153-172.

41. Pekrun, R., Goetz, T., & Titz, W.. Academic emotions in students' self-regulated learning and achievement：A program of qualitative and quantitative research. Educational Psychologist, 37(2), 2002, 91-105.

42. Perry, N. E., Nordby, C. J., & Vandekamp, K. O.. Promoting self-regulated reading and writing at home and school. The Elementary School journal, 2003, 103(4), 317-338.

43. Ranson, S.. Towards the learning society. London：Cassell. 1994

44. Ruban, L. M., McCoach, D. B., McGuire, J. M. & Reis, S. M.. The differential impact of academicself-regulatory methods on academic achievement among university students with and without learningdisabilities. Journal of Learning Disabilities, 2003. 36(3), 270-286.

45. Rohrkemper, M..The functions of inner speed in elementary students problem solving behavior. American Educational Research Journal, 1987, 23, 303-313.

46. Schunk, D. H.. Learning theories：An educational perspectives (2nd ed.). Englewood Cliff, New Jersey：Prentice-Hall, Inc. 1994

47. Siegel, M. A. & Kirkley, S.. Moving toward the digital learning enviroment：The future of web-based instruction, Web-Based Instruction. (pp.263-270) Khan, Badrul Huda,

Englewood Cliffs, N. J. : Educational Technology Publication. 1997

48. Simons, P. R. J. & Vermunt, J. D.. Self-regulation of knowledge acquisition: A selection of Dutch research. 1986

49. Tough, A.. The assistance obtained by adult self-teachers. Adult Education, 1966, 17(1), 30-37.

50. Vygotsky, L. S.. Mind in Society. Cambridage, MA: Harvard University Press. 1978

51. Vygotsky, L. S.. Thought and Language. Cambridage, MA: MIT Press. 1986

52. Zimmerman, B. J.. Becoming a self-regulated learner: Which are the key subprocesses. Contemporary Educational Psychology, 11, 306-313. 1986

53. Zimmerman, B. J.. Models of self-regulated learn ing and academic achievement. In B. J. Zimmerman & Schunk D. H. (Eds.), Theory, research , and practice(pp.1-25). NY: Spring-Verlag. 1989

54. Zimmerman, B. J.. A social cognitive view of self-regulated and academic learning. Journal of Educational Psychology, 1989, 81, 329-339.

55. Zimmerman, B. J.. Dimensions of academic self-regulation: A conceptual framework for education. In D. H. Schunk & B. J. Zimmerman (Eds.), Self-Regulation of Learning andPperformance: Issueand Educational Applications (pp.3-24). Hillsdale, NJ: Erlbaum. 1994

56. Zimmerman,. B. J. & Risemberg, R.. Self-regulatory dimensions of academic leaming and motivation. In Phye(Ed.), Handbook ofAacademic Leaming : Construction ofKknowledge (pp.106-127). SanDiego, CA: Academic Press, Inc. 1997

57. Zimmerman, B. J. & Martinez-Pons. Development of a structed interview for assessing student use of self-regulated learning strategies . American Educational research Journal, 1986a, 23(4), 616-628.

58. Zimmerman, B. J. & Martinez-Pons. Costruct validation of a strategy model of student self-regulated learning. Journal of Educational Psychology, 1988, 80(3), 284-290.

59. Zimmerman, B. J. & Martinez-Pons.. Perceptions of efficacy and strategy use in the self-regulation of learning. In D. H. Schunk & J.Meese (Eds.), Student Perceptions in the Classroom: Causes and Consequence . Hillsadle, NJ: Erlbaum. 1992

60. Zimmerman, B. J., Bonner, S., & Kovach, R.. Developing Self- Regulated Learners: Beyond Achievement to Self-Efficacy . Washington, DC, USA : American Psychological Association. 1996

61. Zimmerman, B. J. & Kitsantas, A.. Developmental phases in self-regulation: Shifting from process goals to outcome goals. Journal of Educational Psychology, 1997, 89(1), 29-36.

后　记

　　本书是由澳门科技大学国际旅游学院院长兼持续教育学院总监梁文慧教授和台湾师范大学教育学院院长王政彦教授共同主持研究并撰写完成。在本书即将与广大读者见面之时，我们要借此机会向自始至终关心此项课题研究和论著撰写的澳门特区基金会和澳门科技大学表示诚挚的谢意。另外，还要向支持此书出版的清华大学出版社和澳门成人教育学会致谢。在本课题的研究和本书编写过程中还得到了李嵩义、龚双庆、杨玲、吴敏华、巫翊绮、黄家惠、黄姿雅等老师和研究生的大力支持和帮助，特此感谢。

　　本书在撰写过程中还参考了大量的海内外成人网络自我调控学习素养方面的相关数据，吸收了海内外学者的相关研究成果，所有这些都为本书的顺利完成以及质量的提高增色不少，谨此对相关作者致以诚挚的谢意。

　　由于时间紧和知识水平所限等原因，本书的缺点和错误之处在所难免。因此，恳请广大读者多多批评指正，以便我们能够不断地提升完善。

　　我们真诚地希望本书能够在促进大陆、香港、澳门和台湾地区的成人学习者在网络学习效果的提高与增进成人网络自我调控学习成效方面起到一定的积极的推动作用，为促进澳门乃至两岸四地成人学习成效做出有益贡献。

作　者
2011 年 3 月